新时代新理念职业教育教材·铁道机车车辆类

职业教育校企合作双元教材

铁道车辆动态检测与车载监控技术

主　编　刘　浩　周正涛　于殿辉

副主编　嵇昊威　韩艺丰　肖洪涛

北京交通大学出版社

·北京·

内 容 简 介

全书共分为 8 个项目，具体包括铁道车辆动态检测技术认知、车号自动识别系统、车辆红外线轴温智能探测系统、车辆滚动轴承故障轨边声学诊断系统、车辆运行品质轨边动态监控系统、客车故障轨边图像检测系统、货车运行故障动态图像检测系统、客车运行安全监控系统。

本书可作为高等职业院校铁道车辆专业及相关专业的教材，也可作为铁道车辆现场作业人员参考用书。

图书在版编目（CIP）数据

铁道车辆动态检测与车载监控技术 / 刘浩，周正涛，于殿辉主编. —北京：北京交通大学出版社，2022.12（2025.1 重印）

ISBN 978-7-5121-4850-5

Ⅰ. ① 铁… Ⅱ. ① 刘… ② 周… ③ 于… Ⅲ. ① 铁路车辆－动态测定－高等职业教育－教材 ② 铁路车辆－监控系统－高等职业教育－教材 Ⅳ. ① U27

中国版本图书馆 CIP 数据核字（2022）第 231677 号

铁道车辆动态检测与车载监控技术

TIEDAO CHELIANG DONGTAI JIANCE YU CHEZAI JIANKONG JISHU

策划编辑：张 亮　　责任编辑：陈可亮

出版发行：北京交通大学出版社　　电话：010-51686414　　http://www.bjtup.com.cn

地　　址：北京市海淀区高梁桥斜街 44 号　　邮编：100044

印 刷 者：北京鑫海金澳胶印有限公司

经　　销：全国新华书店

开　　本：185 mm×260 mm　　印张：12　　字数：286 千字

版 印 次：2022 年 12 月第 1 版　　2025 年 1 月第 2 次印刷

印　　数：2 001～3 000 册　　定　　价：39.00 元

前　言

随着我国铁路的高速发展，技术装备不断进步，在运行过程中通过铁路车辆运行安全监控系统对车辆进行动态检测和监控，进行安全预警，能够有效提高铁路运输安全，保障运输秩序。因此，掌握车辆动态检测与车载监控技术对铁路车辆从业人员来说，越来越重要。铁路车辆运行安全监控系统由车辆红外线轴温智能探测系统（Trace Hotbox Detection System，THDS）、车辆运行品质轨边动态监控系统（Truck Performance Detection System，TPDS）、车辆滚动轴承故障轨边声学诊断系统（Trackside Acoustic Detection System，TADS）、车辆运行故障动态图像检测系统〔包括货车运行故障动态图像检测系统（Trouble of moving Freight car Detection System，TFDS）和客车故障轨边图像检测系统（Train Coach Machine Vision Detection System，TVDS）〕及客车运行安全监控系统（Train Coach Detection System，TCDS）5 个监测子系统和信息综合应用子系统组成，简称“5T”。

本书根据国家教学标准要求，由黑龙江交通职业技术学院与中国铁路哈尔滨局集团有限公司共同合作编写完成，并得到了南京铁道职业技术学院的技术支持，既适用于高职院校铁道车辆技术专业教学使用，也适用于铁路职工岗位培训使用。

本书由黑龙江交通职业技术学院刘浩、哈局职培基地周正涛、三棵树车辆段于殿辉任主编，南京铁道职业技术学院嵇昊威、三棵树车辆段韩艺丰、哈局职培处肖洪涛任副主编，参编人员有黑龙江交通职业技术学院冯长久、李贵波、白崇禧、哈尔滨车辆段郭忠伟、哈局职培基地于洋、哈局职培处任兴惠。

本书共分为 8 个项目，项目 1 由冯长久、任兴惠、嵇昊威编写；项目 2 由刘浩、周正涛编写；项目 3 由李贵波、韩艺丰编写；项目 4 由冯长久、肖洪涛编写；项目 5 由白崇禧、郭忠伟编写；项目 6 由李贵波、于殿辉编写；项目 7 由李贵波、于洋编写；项目 8 由白崇禧、冯长久编写。刘浩、周正涛、于殿辉、嵇昊威负责全书统稿和校对。

由于水平有限，书中仍有不妥之处，敬请读者指正。

编　者

2022 年 8 月

目　录

项目 1

铁道车辆动态检测技术认知

项目描述

铁路作为国家重要的基础设施、国民经济的大动脉和大众化的交通工具，承担着旅客运输和货物运输的重担，是我国综合运输网的骨干，在现代运输体系中发挥着非常重要的作用。

2010 年以来，我国铁路运输朝着高速提速常速并存、技术密集、安全保障常态化等方向发展，在高速铁路、高原铁路、重载运输等领域取得一系列科技创新成果，我国铁路技术水平已进入世界先进行列。随着经济的发展，铁路作为国民经济发展的支柱型产业，面临着加快转换铁路运输发展方式、以市场为导向、提高铁路发展质量和效益、提高企业核心竞争力、实现增运增收目标等严峻的形势。铁路运输安全是建设和发展和谐铁路的重要保障。

为实现运输安全有序可控，我国铁路在加强安全基础建设，推行“规范管理、强基达标”举措的同时，采取了立足科学技术、依靠先进技术装备的有力措施，围绕防止列车冲突、防止列车脱轨、提速客车安全保障、道口安全防护、自然灾害预警、装载加固与危险品运输、事故抢险救援等重点任务，引进、研制与推广应用了一系列新型安全检测监测技术装备，这些装备对提升我国铁路运输安全技术装备的现代化水平、保障运输安全发挥了重要作用。其中，对车辆运行安全及货物装载安全进行监控的移动设备安全保障体系和货运安全保障体系的研发、推广应用表现较为突出。

学习目标

1. 掌握铁道车辆动态检测技术基本概念
2. 了解国内外铁道车辆检测技术发展概况
3. 了解铁道车辆动态检测作业工作内容
4. 了解我国车辆运行安全监控系统基本构成

任务 1.1　了解国外铁道检测技术现状

任务描述

了解国外铁道检测技术现状，解决以下问题：

（1）国外的铁路行车安全监控监测设备如何分类；

（2）通过查询和分析说明国外铁道检测技术的优势和不足。

学习资料

铁路运输具有规模庞大、结构复杂、功能综合、运输组织统一、指挥集中等特点。20 世纪 90 年代以来，各国铁路运输都有了很大发展，许多国家都采取提高列车运行速度、增加列车载重和行车密度等措施，因而对行车安全提出了更高、更严的要求，促使各国铁路对行车安全更加重视，把安全技术作为铁路先导型核心技术加以系统研究，并在实际运用中不断完善。通过实现基础设施高标准、技术装备高质量、运行管理自动化和安全监控实时化，力争达到高速运行、万无一失的目标。针对高速铁路固定、移动设备设施的检测和监控，以及对灾害进行监测报警的需求，各国纷纷研制用于不同设备设施、具有不同功能的专业性和综合性检测设备。以日本、德国、法国、美国等国为代表的铁路网络，针对其所处的自然环境、地理条件及运营条件的不同，都分别采取了各自不同的安全保障措施。

按照被监控监测的对象划分，目前国外的铁路行车安全监控监测对象可分为固定设施、移动设备和自然灾害三大类。

1.1.1　固定设施的监测

国外重视对铁路固定设施监测控制，除了应用静态监控技术外，应用检测车是对铁路固定设施进行定期检测、提供维修养护数据的有效手段之一。国外广泛应用轨道检测车、钢轨探测车、电务检测车、接触网检测车、安全综合检测列车等大型安全检测装备及维修管理系统，实现了固定设施状态监控、维修、管理的三个转变：

（1）从定性和经验管理向定量化、科学化管理转变。

（2）从静态检测向动态检测、综合检测转变。

（3）从分散的单项系统向覆盖全线的综合化、网络化、智能化系统转变。

高速综合检测列车可以实现对固定设施相关技术指标的综合检测，如日本的新型“黄色医生”和 East-i 综合检测列车、法国的 IRIS320 高速综合检测列车等；而轨检车则是替代人工巡道、提高巡视效率和准确度的有效途径，如德国的 OMWE 轨检车，检测速度可达 300 km/h；美国的轨道视觉检测车（VIS）采用图像识别技术检查扣件状态。国外钢轨探伤车的技术在不断改进，美国的钢轨探伤车的探伤速度可达 80 km/h，英国的钢轨探伤车则可达 70 km/h。

1.1.2 移动设备的监测

移动设备的监测主要是指为保证列车的安全运行，在机车车辆等移动设备上安装监测设备，对车辆的各个部件进行实时的监测和诊断，当达到一定的安全极限时自动发出报警信号，或通知列车驾驶员或地面信息中心。

目前，国外铁路的移动设备监测技术在监测理论和设备等方面都发生了很大变化，研究开发出很多监测系统和设备。国外高速动车组列车实现了全列车的自诊断，动车和拖车安装了数据采集和诊断计算机，对列车装备运行状态进行监测；传统的远红外热轴探测系统性能大大提高，新型车上热轴监测装置摆脱了轮轨界面的束缚，可以直接连续监测车轴工作状态，实现实时监测报警，故障定位准确。

1.1.3 自然灾害的监测与报警

国外铁路的安全防灾系统主要包括车站与区间等场合重要设施状态的监测、监控、报警系统，事故与自然灾害预测、预防及处理系统，桥、隧和关键道口的监控和报警系统等方面。高速铁路沿线的自然灾害（如地震、大风、洪水、雪害等）及长大桥梁的安全状况对高速列车的安全运营有着极大的危险。为防止灾害发生时危及行车安全，在上述灾害地区的高速铁路沿线和长大桥、隧道地段均设置了先进的监控、检测、预报设备，一旦发生灾害，监测设备能迅速、及时将有关信息报告控制中心，以便及时采取预防措施，并根据灾害程度，分别采取限速或停运的措施。

德国高速线采用了 MAS90 型防灾报警系统，用于监视线路装备运转状态、识别和报告环境状况及移动设备破损情况，监测报警设备包括：热轴探测设备、隧道气体报警设备、风力测量报警设备及紧急呼叫设备。法国 TGV 高速线主要设置了风、雨、雪、桥隧落物等监测装置，监测信息通过无线系统传送到调度中心。

国外行车安全监控设备由于受限于国外铁路的运营模式和管理体制，其应用基本上局限于局部的某几个点和某一条线上，但是这些安全监控系统普遍采用动态监测和监控技术，基于网络实现了高度信息化，所有固定和移动监测数据通过地面和无线网络实时传给监控中心集中管理，使得各部门同步得到运输安全共享信息。列车安全监视系统的所有监测信息，都进入信号信息传输网络，作为行车控制的信息，用于监视运行中的列车所发生的各种危险情况，对铁路运输生产安全起到了积极作用。

任务 1.2 了解我国铁道检测技术现状

任务描述

了解我国铁道检测技术现状，解决以下问题：

（1）我国行车安全检测监控系统的技术特点有哪些；

（2）通过查询和分析说明我国铁道检测技术的优势和不足。

学习资料

我国铁路历经六次大提速后，铁路客、货车运行速度显著提高，周转时间减少，相应的检修时间减少，机车交路延长，重载货物列车开行线路增多，铁路货物列车集中到发，列检保证区段延长，动车组和直达旅客列车大面积开行，铁路车辆运行安全监控面临极大挑战。为了解决我国铁路提速过程中出现的安全问题，车辆部门在充分借鉴国内外先进、成熟经验的基础上，提出了建立车辆运行安全监控 5T 系统的建设规划，积极采用地对车、车对车等先进的动态监测技术，充分利用智能化、网络化和信息化手段，建立全路性的铁路车辆安全防范、预警系统。

目前全路各集团公司按照铁路信息化建设的总体规划，在安全检测设备建设、信息整合和系统完善方面进行了大量工作，车辆运行安全监控 5T 系统、货运计量安全监测系统等已经在全路联网运用，提速安全检查监测等保障体系陆续建成，为保障铁路运输安全，尤其是行车安全发挥了重要作用。

多年来，我国铁路坚持不懈地进行安全基础建设，规范了安全管理，完善了规章制度，提高了行车设备质量和人员素质，健全了安全监督机制，加大了安全监督力度，从而夯实了保证运输安全的基础。特别是通过铁路六次大提速，促进了铁路科技发展和安全技术装备水平的不断提高，全路运输安全的可控程度得到了明显增强，运输安全形势逐步好转，行车事故数稳步下降。

为了深入探索和把握铁路运输安全规律，积极推进安全基础建设，形成运输安全的长效机制，车、机、工、电、辆等各专业和工种都大量地采用安全技术装备和智能化、网络化、信息化手段作为加强运营安全监控，提高安全保障能力的主要技术手段，全路推广实施了一大批行车安全检测监测设备和行车安全监控系统。所谓行车安全检测监控系统是指利用分布在铁路沿线的线路、桥梁、隧道、信号、供电等基础设施或移动车辆上的多种安全监测设备，自动采集机车、车辆、货物装载状态、列车运行状态、线路、桥隧、信号、电、气象、自然灾害等监测信息，对各类可能对铁路运输安全生产造成影响的设备设施及其运行状态进行自动在线检测，通过智能化分析实现在线集中监控、安全预警及安全管理，提供安全信息综合分析及决策支持，确保铁路运输安全的自动化安全检测监控系统。每个安全监测系统监测的对象可能只有一类，也可能有若干类。

其特点如下：

（1）广泛采用传感技术。

铁路行车安全检测监控系统监测范围广，监测内容涉及车、机、工、电、辆、供电、货运等多个专业，大多数检测监控系统采用传感技术、电子测量技术，实现了对被监测对象的在线自动监测。

（2）广泛采用网络化、信息化技术。

这些安全检测监控系统普遍采用系统化、网络化、智能化手段，依托铁路综合信息网建立了覆盖范围各不相同的监测网络，在国铁集团、铁路局集团公司、站段、车间、班组、岗位等不同层级实现了联网运行监控，为用户提供各类面向应用的电子化服务的同时，亦为运输安全保障提供了可靠的技术支撑。

（3）不同层级、不同系统之间存在协同配合、互联互通、信息共享的需求。

铁路运输生产是一个大的联动机，很多业务需要在同级和上下级之间流转才能完成。由于铁路安全监控系统普遍采用网络化、信息化手段，搭建了分布式的联网应用系统，因此，不同层级之间的业务流转需要在统一的指挥下协同运作、相互配合，才能完成。为了提高信息的综合利用价值，普遍存在不同层级系统内、系统之间互联互通、信息共享的需求。

相关案例

案例 1.1　高速铁路灾害监测系统

高速铁路由于自身速度高、密度高，以及高架桥和隧道多的特点，对于列车运行的安全问题有了更高的要求，对自然灾害或各种人为事故必须实时、准确、可靠地监控防范。灾害监测系统对危及客运专线运行安全的自然灾害、突发事故、异物侵限及非法侵入等进行监测报警和防护，提供经处理后的灾害预警信息、限速信息、停运信息等，作为运营调度中心运行计划调整、下达行车管制、抢险救援、维修的依据等，已在国内客运专线工程中普遍应用，例如图 1.1 所示的合蚌客专防灾安全监控系统。灾害监测系统主要监测雨量、风速、地震和异物侵限。

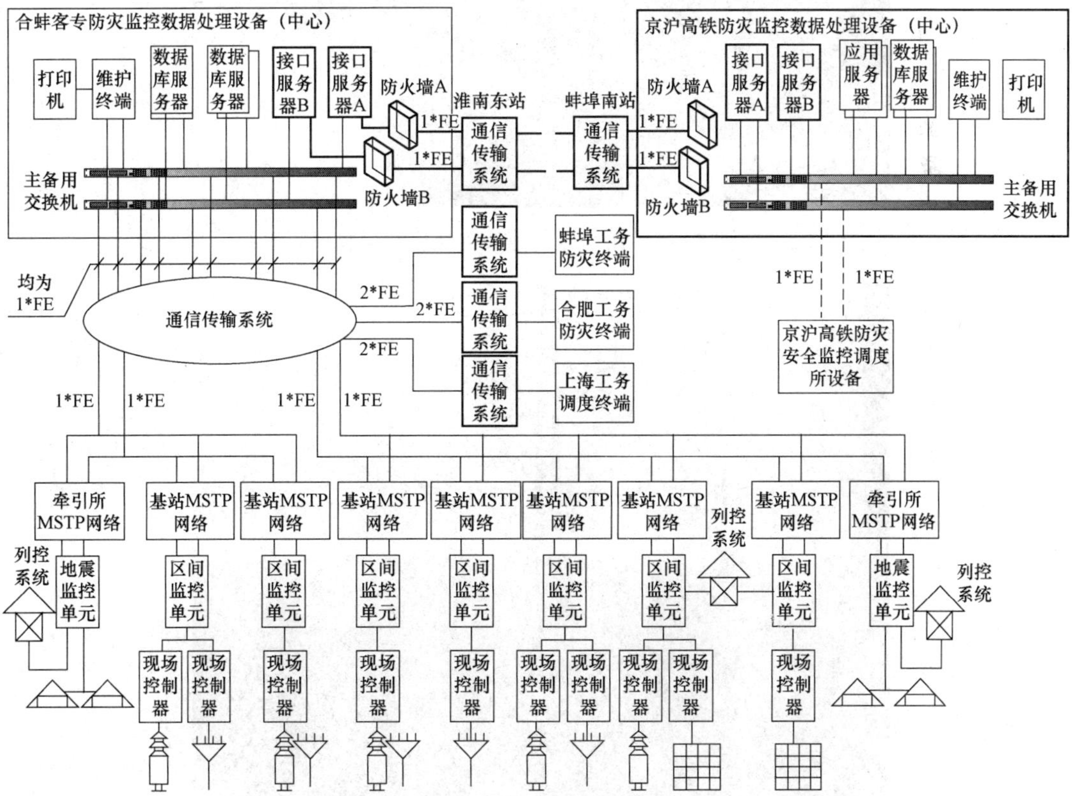

图 1.1　合蚌客专防灾安全监控系统示意图

如图 1.2～1.4 所示，设计速度为 300 km/h 及以上线路且沿线近 20 年极大风速超过 15 m/s 的区段，以及设计速度为 250 km/h 及以上且沿线近 20 年极大风速超过 20 m/s 的区段，应设置风速风向监测点。风向仪设在山区垭口、谷地（间距为 1～5 km）、高桥梁空旷地带及高路堤区段（间距 5～10 km），设置在线路的迎风侧，安装于接触网杆柱上。雨量计一般设置在路基地段，以及山区易发生崩塌、滑坡、泥石流等地质灾害处所，其中路基地段等间距设置，有砟区段间距 15～20 km，无砟区段间距 20～25 km。铁路沿线近 20 年最大积雪深度 3 cm 及以上的路段设置雪深监测点，设置间距平原地区 30 km、山区 20 km。铁路沿线地震峰值加速度 0.1g 及以上的区段设置地震监测点，间距 25 km。各类上跨设计速度超过 160 km/h 高速铁路区段的桥梁（不包括人行天桥），要安装异物侵限现场采集装备。

图 1.2　建湖 S241 上跨徐盐高速线立交安装异物侵限系统

图 1.3　宁启铁路风力监测

图 1.4　宁启铁路雪深监测

案例 1.2　专用车辆动态检测替代人工巡道

随着列车速度不断提升，行车密度不断加大，传统的人工巡道既不能完全检测出铁路的各种不良状态，也无法保障巡道人员自身的安全。对于高速铁路和繁忙的客货共线铁路，目前使用高速综合检测列车（如图 1.5 所示）和检测列车、钢轨探伤车等高精度检测设备，对铁路基础设施进行定期巡检。在基层工区，使用人力推动的专用轨检小车检测线路质量。根据上述设备检测记录，可以发现轨道状态不良的地点，以便采取紧急补修或临时限速措施，并确定应进行计划维修的里程段落，编制维修作业计划，也可评定轨道的养护水平和整修作业质量。

图 1.5　CRH380AJ 型高速综合检测列车

相比于营业的客车，这些检测车进行了以下改进。

（1）供电方式：营业的客车供电方式大多只有一种，最多两种。而这些检测车，为了能连挂不同供电制式的客车，端部同时安装了 AC 380 V 和 DC 600 V 两种供电接口，此外还自带柴油发电机，甚至某些车还有轴驱发电。不过实际运用时，为了确保检测设备电压电流稳定，一般采用自带柴油发电机供电。DC 600 V 主要是贯通直供电的电路，方便挂在机后一位进行检测。

（2）上部结构：以 RW25 型客车为基础，拆除至少 3 个软卧包间作为大厅，再拆除至少 2 个软卧包间作为工作间，剩下的软卧包间为工作人员住宿用。此外，有的检测车还加装热水器和厨房，方便工作人员长时间在外检测工作需要。还有的安装了外凸的瞭望窗，甚至尾部拆除通过台改成瞭望窗。

（3）下部结构：为了便于安装检测设备，以 25T 型为基础的检测车，拆下了裙板。为了试验更高的速度，某些以 25K 型为基础的检测车加装了裙板。其中轨道检测车安装有 GJ 型检测系统，利用激光线阵相机及加速度传感器测量轨道几何参数［高低、轨向、水平（超高）、三角坑、曲率、轨距等，如图 1.6 所示］；电务检测车安装感应线圈、专用发送和接收设备检测轨道电路、补偿电容、应答器等铁路信号设备（如图 1.7 所示）；接触网检测车安装有激光线阵相机、激光雷达、压力传感器及其他检测设备，检测接触网几何参数（导高、拉出值、接触线高度等）、接触网平顺性、弓网受流性能，等等（如图 1.8 所示）。

图 1.6　轨道检测车检测设备

图 1.7　电务检测车检测设备

图 1.8　接触网检测车检测设备

（4）制动：大多按照双管供风设计，以适应越来越多的双管供风旅客列车需要。不过附挂在单管供风的列车时，要把检测车改成单管供风。

高速铁路则更多地采用高速综合检测列车，检测内容从检测列车单一的专项检测拓宽到多专业的综合检测，检测速度由低于 160～250 km/h 直到突破 500 km/h。高速综合检测列车定期对轨道几何状态、加速度、轮轨力、接触网几何参数、弓网动态作用、供电参数、通信、应答器、轨道电路等进行同步、动态检测。对高速综合检测列车采集的数据进行综合数据分析，对高速列车运行品质及基础设施状态变化规律做出评价，可为高速铁路运营安全评估和指导养护维修提供技术支撑，对保障高速铁路安全高效运营具有十分重要的作用。

高速综合检测列车集检测、办公、会议、生活为一体，外观如图 1.9 所示，设有通信信号检测车、接触网检测车、数据综合处理车、轨道检测车、会议室、办公车和卧铺车，还设有环境视频采集系统。各系统采集到的数据存入列车上的数据库，进行自动处理和人工分析，可自动生成并打印各种报表和报告，作为高速铁路开通运营前安全评估及开通运营后检修维护的重要依据。高速综合检测列车还具备自我诊断和多媒体显示功能。自我诊断功能便于在出现故障时能够迅速定位并排除故障。多媒体显示功能可以将各个子系统的界面实时显示在会议车内供领导和专家实时察看，也可将检测结果或外部多媒体源接入，供领导和专家会商。

图 1.9　高速综合检测列车外观

任务 1.3　了解铁道车辆动态检测技术

任务描述

了解我国铁道车辆动态检测技术现状，解决以下问题：

（1）我国铁路目前主要使用哪些铁道车辆动态检测技术；

（2）铁道车辆动态检测技术在运输生产中解决哪些问题。

学习资料

为保证车辆运行安全、稳定，同时提高列车运行效率，铁路部门针对运行列车采取车辆运行品质检测、轮对状态在线检测、故障动态图像检测、轴温检测等多种综合的动态检测技术对列车进行综合检测。

1.3.1　车辆运行品质检测

车辆运行品质是车辆性能的重要评价指标。车辆运行品质最直接的体现是列车的振动，直接影响车辆运行平稳性、乘客乘坐舒适性及列车运行安全。TPDS 通过线路设置整体无砟轨道建立轨道测试平台，在轨枕与钢轨之间设置二维板式传感器，轨腰处设置不打孔剪力传感器。传感器采集列车通过测试平台时的振动数据，经过计算模型分析得出列车通过时两侧承受的垂向振动及横向振动，从而判定列车是否存在超载、偏载、踏面损伤等影响列车运行品质的缺陷。

1.3.2 轮对状态在线检测

轮对作为列车主要承载结构，若车轮踏面存在损伤，将导致严重的行车安全事故。轮对状态在线检测系统可以实现每次入库时对轮对状态的动态检查，主要检测轮缘厚度、轮缘高度、踏面圆周磨耗及擦伤、轮对内侧距、车轮直径、轮辋宽度等车轮基本参数，可以准确检测车轮踏面表面及近表面缺陷，实现缺陷位置的精确定位，满足对轮对的测量需求。检测结果可为车辆维修基地是否对轮对进行镟切提供数据支撑。

1.3.3 故障动态图像检测

传统车辆检测技术中，由车辆检车员在车站对站停列车进行整车状态检查，人工作业不仅工作环境恶劣，还需要列车长时间站停，影响整体运输效率。采用车辆故障动态图像检测系统代替传统人工检车作业可以解决这一问题。TFDS 是最早的车辆故障动态图像检测系统，应用于货物列车动态检测。故障动态图像检测技术的核心是图像采集技术，需要以高清摄像头的成熟运用为基础，解决大量高清图片的传输问题。随着图像检测系统技术发展成熟，用于客车的 TVDS 及用于动车组列车的 TEDS（Trouble of moving EMU Detection System）在铁路系统得到全面推广。

1.3.4 轴温检测

采用车辆轴温传感器实时检测动车组列车和客车的车轴温度，防止热轴燃轴事故的发生。对于货物列车则采用铁路车辆轴温智能探测系统，实现定点轴温检测。红外线轴温检测基于维恩位移定律，对不同温度车轴产生的红外线进行计算后反推出车轴温度。轴温检测通过热敏电阻探测器或光子探测器接收红外线，并将其转换为电信号进行计算处理。轴温检测准确率高，可以很好地防范列车热轴切轴事故。

随着动车组列车的快速发展，铁路车辆运行的速度更快，货物列车也实现了重载提速，这对列车运行安全提出了更高的要求，同时也对车辆部门的检修能力提出了更高的要求。铁路车辆检修部门通过车辆动态检测技术与车辆无损检测技术相配合的方式，对铁路车辆进行全面检测。一般从外观缺陷、运行品质、轴承温度、轮对状态等几个方面对运行过程中的车辆进行动态检测。转向架、轮对、轴承等重要走行部部件的细小缺陷和内部缺陷可通过无损检测技术进行检测。

任务 1.4　了解我国车辆运行安全监控系统

任务描述

了解我国车辆运行安全监控系统技术现状，解决以下问题：

（1）5T 系统包含哪几个安全监控系统，各系统的主要作用是什么；

（2）通过查询，了解我国车辆运行安全监控系统的发展概况。

学习资料

中国铁路自 2003 年开始启动 5T 系统建设，5T 系统初步覆盖了京广、京九、京哈、沪昆、陇海、大秦、青藏等主要线路，遍布全路 18 个铁路局，形成了一个基本覆盖干线大节点的动态安全检测网络。

5T 系统以红外、力学、声学、图像等车辆运行安全监测设备为基础，实时检测客、货车辆的运行状态，通过数据自动采集、数据集成、联网评判和综合应用，为各级铁路车辆管理提供车辆安全监控与管理服务。5T 系统的各子系统利用不同的技术原理对车辆的主要部位进行实时探测和报警。

其中，THDS 利用红外线技术对列车轴温进行非接触式探测，从轴温上判断轴承运行状态，防范列车燃、切轴事故；TPDS 通过监测轮轨间的动力学参数，评判车辆的运行状态、车轮踏面损伤，防范提速后空车脱轨事故和踏面损伤车轮对车辆结构、轨道结构的破坏；TADS 采用声学诊断技术采集和分析轴承噪声信号，对滚动轴承裂缝、破损等故障进行在线诊断预报，可以提供有效的轴承内部早期故障诊断结果，在热轴之前发现故障；TFDS 应用图像自动采集与处理技术，自动抓拍运行货车的制动梁、转向架、车钩缓冲配件、基础空气制动装置、车底架、车体两侧等部位的全部图像，采用人机结合的方式进行故障检测，实现了列检作业的不停车检查；TCDS 利用车载安全监测装置，对客车制动装置、转向架、客车供电系统，以及轴温报警器、电子防滑器、车门等客车运行安全关键设备进行实时监测和诊断，并且通过车地无线传输，实现客车运行安全全程监控。以上各子系统从不同的角度，为各级车辆运用和管理部门提供报警或故障信息的实时监控、信息查询、统计分析等功能。

在 5T 系统的基础上，中国铁路继续研制并使用客车故障轨边图像检测系统（TVDS）和动车组运行故障动态图像检测系统（TEDS），其工作原理和方式类似 TFDS，只是检测的对象是普速旅客列车（包含 CR200J 型动力集中式动车组）和高速动车组，能分别做到在 160 km/h 和 250 km/h 速度下对通过的列车下部结构进行拍摄，形成清晰影像。未来，TVDS、TEDS 和 TFDS 还将实现车辆图像自动判读、车辆故障自动识别，大幅减少现场列检作业人员的数量。

项目检验与评价

（1）开展学习交流活动，学生以多媒体形式展示或汇报，并进行多方交流和评价，从而进行改进和修订。

（2）学生、教师填写评价表，由教师确定考核标准，对任务完成情况进行定量考核。

项目 2

车号自动识别系统

项目描述

中国铁路对客车和部分货车实行固定配属制度。实行固定配属的货车包括机械保温车，标记载重 90 t 和 90 t 以上的长大货车，固定装卸地点、固定交路使用的敞车、罐车、矿石车或平车，以及少数特殊货车。大部分货物车辆是全路共用，随到随检随修。由于大部分车站存在装卸量不平衡，货流组织不对称的情况，要分配车辆，需要从其他车站调车或向其他车站排空，这是铁路组织的一个重要环节，对铁路运营效率有极大影响。因而，合理地在全路配置车辆至关重要。要想合理配置车辆，就必须实时掌握车辆的动态信息，了解车辆的分布。

20 世纪八九十年代，随着世界范围内新技术革命浪潮的兴起，以信息技术改造中国铁路传统技术和作业方式迅速展开，以铁路运输管理信息系统（Transportation Management Information System，TMIS）为代表的一系列信息化管理系统进入大布局、大建设、大应用阶段，而与之相对应的是，针对全国铁路南来北往行驶着几十万辆货车车辆的基础信息采集，却仍然完全依靠人工进行。为了对铁路线上的货车运行实施有效的管控，全国铁路数万名车号员，不管白天黑夜、风雪雨霜、春夏秋冬，都奔波在铁路车站货场，靠口念笔记的传统作业方式抄录每辆车的编号，然后通过人工逐级上报运输管理部门。传统的抄录车号作业模式，劳动强度大、作业效率低、差错率高，大大制约了铁路运营管理现代化的发展。

2005 年，中国铁路六大干线率先搭建铁路车号识别系统与红外轴温探测系统，车次、车号自动识别，为铁路运输管理系统提供车次、车号等实时的基础信息；代替人工抄录车号，保证数据真实性、及时性、准确性和连贯性；提高编组站作业效率，减轻作业人员的劳动强度；提供运输确报信息，实现运输确报现代化管理；与货票系统结合，实现货流统计分析；实现局间、分局间货车使用费的自动清算。

货车实时跟踪管理：现在车数量管理；现在车分布统计分析；货车产权鉴别；机车、车辆运行跟踪查询。实现货车动态管理车辆技术履历信息查询，车辆检修信息统计分析，列检所作业量统计分析，国有、企业自备货车资产管理。确保行车安全，实现故障车辆准确预报：与红外轴温探测系统结合，可精确预报热轴车辆的车号和所在列车的车次，准确处理热轴故障；为车辆安全动态监测系统、超偏载系统、平轮探测系统提供准确的车次、车号信息；建立故障车辆档案，实现全路信息共享，进行动态及跟踪管理。

学习目标

1. 掌握车号自动识别系统的组成和工作原理
2. 了解车号自动识别系统的安装过程
3. 学会使用车号自动识别系统
4. 能正确判断车号自动识别系统常见故障

任务 2.1　掌握车号自动识别系统架构

任务描述

铁路车号自动识别系统在车站、分界站自动采集列车编组，在编组站自动进行车辆追踪，应用起来快捷、方便、及时，极大地提高了铁路运输管理效率。通过学习并掌握车号自动识别系统的功能、组成和工作原理，了解车号自动识别系统的关键技术内核和使用要求。解决以下关键问题：

（1）铁路车号自动识别系统的作用是什么；

（2）铁路车号自动识别系统包括哪些主要设备，各设备主要用途是什么；

（3）铁路车号自动识别系统采用哪些关键技术；

（4）铁路车号自动识别系统如何与 5T 系统结合使用。

学习资料

铁路车号自动识别系统（ATIS）的目标是在所有机车、货车上安装电子标签（TAG）；在所有区段站、编组站、大型货运站和分界站安置地面识别设备（AEI）；对运行的列车及车辆信息进行准确的识别；经计算机处理后为 TMIS 等系统提供列车、车辆、集装箱实时追踪管理所需准确的、实时的基础信息；为分界站货车的精确统计提供保证；为红外轴温探测系统提供车次、车号的准确信息；还可实现国铁集团、路局集团公司、车站各级现在车的实时管理、车流的精确统计和实时调整等。从而建立一个铁路列车车次，以及机车和货车号码、标识、属性和位置等信息的计算机自动报告采集系统。

2.1.1　车号自动识别系统的功能

1. 实现车次、车号自动识别

为铁路运输管理系统提供车次、车号等实时的基础信息，代替人工抄录车号，保证数据真实性、及时性、准确性和连贯性；提高编组站作业效率，减轻作业人员的劳动强度；提供运输确报信息，实现运输确报现代化管理；与货票系统结合，实现货流统计分析，实现分公司间货车使用费的自动清算。

2. 实现货车实时跟踪管理

实现现在车数量管理，进行现在车分布统计分析，货车产权鉴别，机车、车辆运行跟踪查询。实现货车动态管理车辆技术履历信息查询，进行车辆检修信息统计分析、列检所作业量统计分析，开展国有、企业自备货车资产管理。

3. 实现故障车辆准确预报

与红外轴温探测系统结合，可精确预报热轴车辆的车号和所在列车的车次，准确处理热轴故障。为车辆安全动态监测系统、超偏载系统、平轮探测系统提供准确的车次、车号信息。建立故障车辆档案，实现全路信息共享，进行动态及跟踪管理。

2.1.2　车号自动识别系统的组成

铁路车号自动识别系统设备从原理上说主要包括以下三个核心部分。

（1）电子标签：包括车辆标签和机车标签。

（2）电子标签信息写入器（编程器）：包括车辆标签编程器及编程网、机车标签固定信息编程器，以及机车标签在线动态信息编程器（板）。

（3）地面读出装置（电子标签信息阅读器）：简称 AEI 设备。

其中，电子标签是系统中最基本的部分。编程器和 AEI 设备的设计均围绕电子标签的工作原理进行。标签信息通过编程器写入电子标签（车辆标签和机车标签），车辆标签信息的写入过程遵循严格的控制操作流程（通过中央车号数据库、标签编程网、标签编程器及操作作业规程实现）。具体组成见图 2.1。

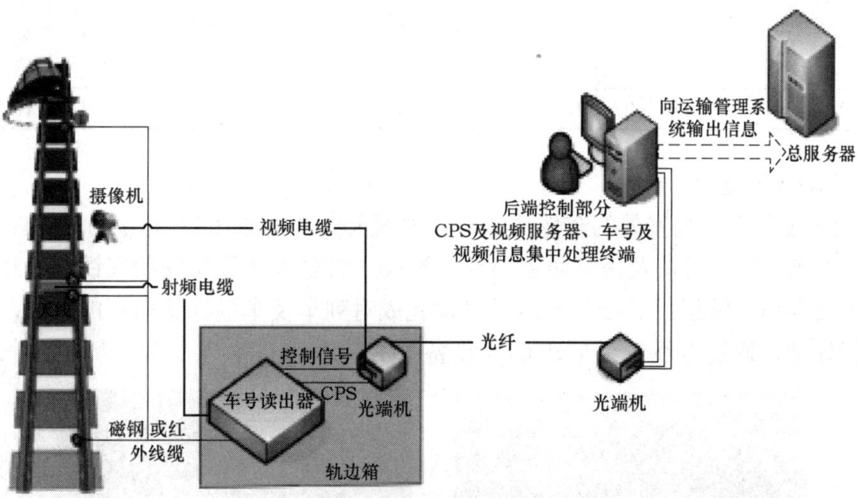

图 2.1　车号自动识别系统的组成

系统运用过程中，安装在每节车辆上的电子标签中的信息以无线方式传递到地面读出装置中，再进一步由地面读出装置向后台传送到车站控制与处理系统（CPS）中。电子标签信息在 CPS 中以过车信息方式体现，并由 CPS 通过转发程序将过车信息（含电子标签信息）进行二次分发以满足各种应用系统对车号基础信息的需求。

车号自动识别系统由车辆标签、地面 AEI 设备、车站 CPS 设备、列检复示系统、AEI 监控中心设备、标签编程网络、中央数据库管理系统等部分组成。

1. 车辆标签

车辆标签内部存储器中存有车号信息及车辆的技术参数信息。如图 2.2 所示，标签安装在被识别车辆的底部中梁上，每辆车安装一个标签，由微带天线、虚拟电源、反射调制器、编码器、微处理器和存储器组成。车辆电子标签中的信息具有稳定不变的特点，每一个标签与对应的车辆终身结合，标签信息相当于车辆的一个终身身份证。车辆电子标签采用无源设计方案，电子标签内无电池，所需工作电源从照射到其上的微波射频中获取。

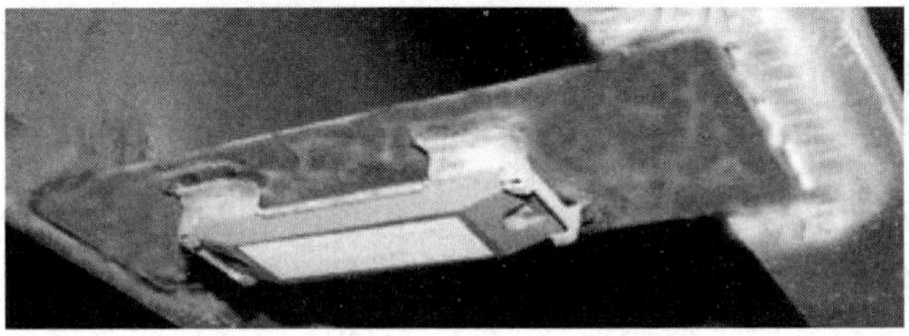

图 2.2　车辆上安装的车辆标签

根据《铁路机车车辆自动识别设备技术条件》（TB/T 3070—2002）要求，车辆电子标签中的标识信息包括车辆属性码、车种、车型、车号、换长、制造厂及制造年月等，如表 2.1 所示。

表 2.1　车辆电子标签信息编码格式

属性码	车种	车型					车号							换长高位	换长低位	制造厂	制造年高位	制造年低位	制造月
01	02	03	04	05	06	07	08	09	10	11	12	13	14	15	16	17	18	19	20

2. 地面 AEI 设备

地面 AEI 设备主要由室外的车轮传感器、地面天线（见图 2.3）和室内的 RF 射频装置、读出主机、电源防雷、通信及信号防雷等部分构成。地面 AEI 设备安装在铁路干线运行区间站、分公司交界口、编组站等处，实时准确地完成对列车及车辆标签信息的采集，并将采集的信息进行处理，通过专线传至车站 CPS 设备。

(a) 车轮传感器　(b) 地面天线

图 2.3　地面 AEI 设备

现场应用的地面 AEI 设备安装在道边的 AEI 小房（一般借用已有的红外线小房）内，AEI 设备主机、UPS 电源、专用调制解调器（modem）等设备集中安装在标准机柜中。配置示意图如图 2.4 所示。

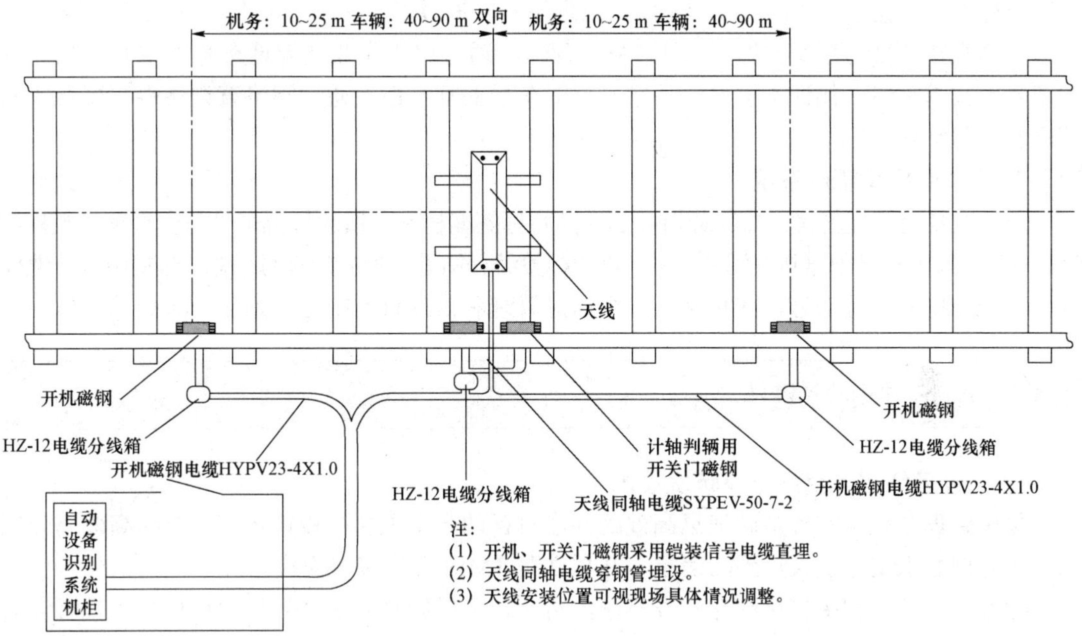

图 2.4　地面 AEI 设备连接关系配置示意图

3. 车站 CPS 设备

车站控制与车号处理系统安装在分公司交界口、编组站、大小货站主机房，主机房配置专门的计算机，将工控机传送来的信息通过集中管理系统进行处理，并向列检复示系统和 TMIS 转发数据。

车站控制与车号处理系统由 CPS 主机、终端服务器（或多串口卡）、调制解调器及 CPS 软件组成。CPS 处于地面 AEI 设备与 TMIS 的中间，其管理多个地面 AEI 设备，并向 TMIS 及其他应用系统传送通过查询点的列车过车信息，起到车号信息加工处理与中转的桥梁作用。

4. 列检复示系统

列检复示系统由列检复示主机、调制解调器及列检复示系统软件组成。列检复示系统一般位于各列检所，用于复示 CPS 转发来的有关车号信息。

5. AEI 监控中心设备

AEI 监控系统是应地面 AEI 设备的日常管理与维护的需要提出的一个系统。系统的设计目标是对辖区内的所有地面 AEI 设备采集的列车数据报文和 AEI 设备运行状态进行实时检测，在该环节检测机车标签和车辆标签的合法性，并对检测到的 AEI 设备故障信息及标签异常信息进行声光报警。

AEI 监控系统实际进行工作的性质是监测，通过检测得到的信息，再由人工做出处理决定。从这一层意义上说，它又起到了监视并进行控制的作用。因而，AEI 监控系统与 AEI 检测系统，这两种说法均被广泛采用。

6. 标签编程网络

标签编程网络是标签安装前，将车辆信息写入标签内存的网络系统，可在车辆段、厂和站修所对标签进行编程写入，其目的是防止出现错号、重号车，并对丢失损坏的标签进行补装。

系统采用 X.25 通信方式，实现网络化管理。通过编程作业点申请车号、中心数据库分配车号等技术手段，保证不重号、不错号，即车号的唯一性。通过网络查询终端实现标签的管理和日常维护。

7. 中央数据库管理系统

该系统是全路标签编程站的总指挥部。其将标签编程站申请的每批车号与中央车号数据库进行核对，发现重号则重新分配新车号，再向标签编程站返回批复的车号信息，即集中统一地处理、分配和批复车号信息，同时又是一个信息管理和信息查询中心，是整个系统的中枢。

2.1.3 ATIS 实现的关键技术

1. CPS 多线程多目标存储转发技术

集中管理系统是实现基础信息高效的共享目标的一个重要的接口环节，能够高效充分地利用车号地面识别系统采集到的信息，并与铁路 TMIS 友好接口交换信息。

CPS 具有多线程多目标存储转发机制的特点，可以同时向多个目标发送报文，具有较高的发送效率。CPS 转发程序具有准确无误、不丢失报文的特点，有一定的实时性，是一个存储转发装置。当 CPS 收到 AEI 报文时，转发程序立刻向各个预定义目标发送报文，如果此时到达某个目标的网络线路不通，转发程序会把未成功发送的报文存储起来，等线路通时，转发程序自动把以前未成功发送的报文发送出去。应用模式如图 2.5 所示。

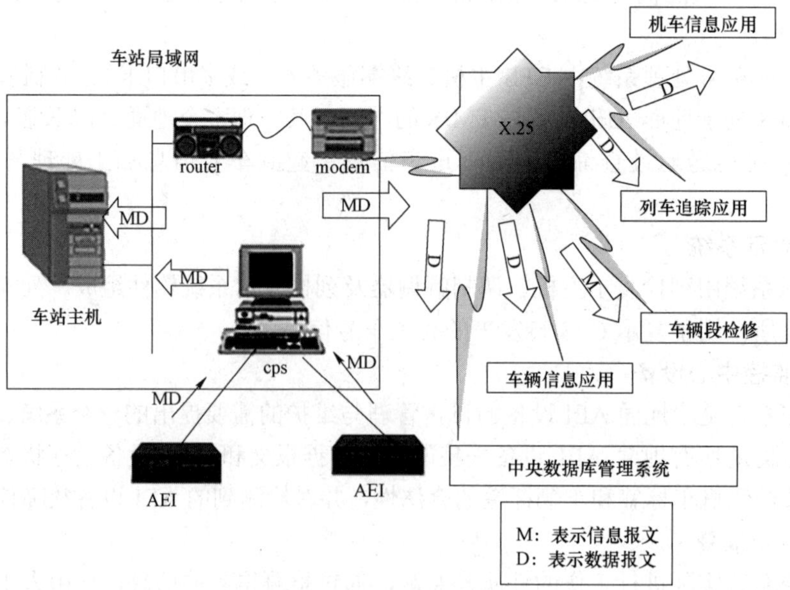

图 2.5　CPS 应用模式

转发程序的文件传输基于 TCP/IP 协议。高层传输协议使用 FTP 协议或 CPS 自定义协议。对于如 UNIX、VMS、OS/2、Windows NT 等具有 FTP 服务程序的操作系统，使用 FTP 协议传输报文。对于不带 FTP 服务程序的操作系统，在其上安装转发系统配备的 CPS 报文接收程序，使用 CPS 自定义协议传输报文文件。CPS 转发程序具有广泛的适用性，是车号自动识别系统中一项重要的软件工程。

2. 微波反射技术

当列车即将进站时，列车的第一个车轮压过开机磁钢时开始计数，大于等于 6 次时开启微波射频装置（RF）。微波射频装置在没有列车通过时保持关闭状态。微波射频装置开启后，安装在轨道的地面天线开始工作，向急驰而过的列车的每辆车底部的无源电子标签发射微波载波信号，为标签提供能量使其开始工作。首先在微处理器控制下，将标签内信息通过编码器进行编码，通过调制器控制微带天线，开始向地面反射信息；地面天线立即接收反射回的标签内信息，并传送到铁路旁的探测机房；由机房内无人值守的地面读出计算机（工控机）将接收到的已调波信号进行解调、译码、处理和判别；然后将处理后的信息送入车站机房 CPS。当列车的最后一辆车的车轮压过关门磁钢后，关闭射频装置（RF）。CPS 对多台地面识别设备进行管理，按照铁路 TMIS 的通信协议规程，将识别后的信息向铁路 TMIS 等系统传送，即有目的地存储转发。地面识别系统（AEI）工作程序模式如图 2.6 所示。

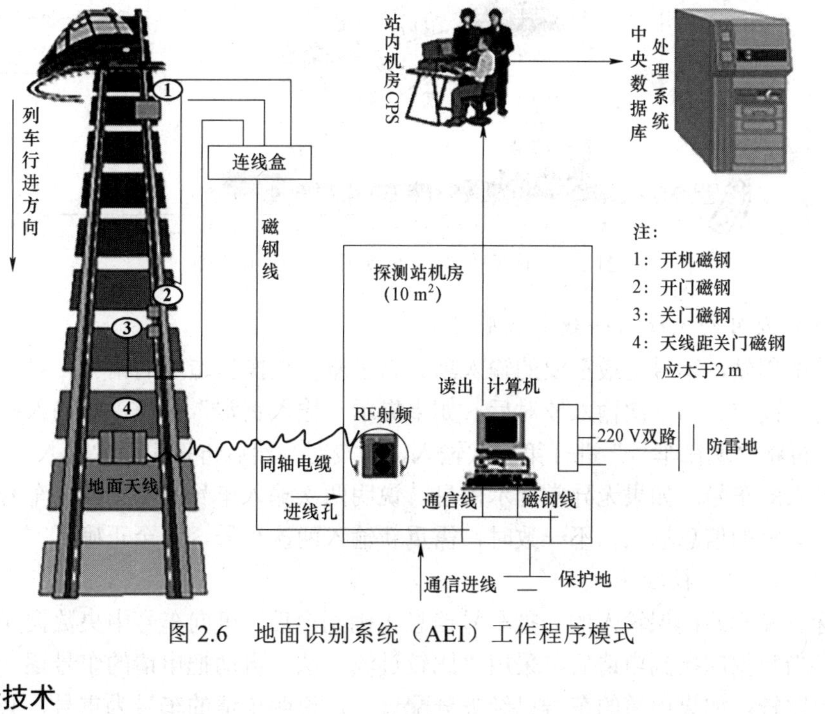

图 2.6　地面识别系统（AEI）工作程序模式

3. 容错技术

出现重号不但会严重影响车号信息的使用效果，而且会造成 ATIS 整个工程的失败。因此需要建立一套完善的、严格的、科学的管理制度和作业流程，避免标签出现重号、错号。在计算机方面，要求开发出的标签编程管理软件应具有合理的流程，以及严密的防错、纠错及容错技术。标签编程、安装工作程序示意图如图 2.7 所示。

1）“相关项目一致性”校验法

对一辆车的信息输入完毕后，要按［校对 C］键，否则本次输入无效。如果校对后出现“车号与车种不符！是否按错号处理，请确认”异常信息时，要认真分析车号和车种这两个相关项。比如棚车车号范围为 3 000 000～3 499 999，如果选择了棚车的车种，而却输入了一个 4 300 000 的车号，则认为该号为错号。如果确实是错号，单击［确定］键；否则应仔细检查车号、车种的输入值是否有误。确保相关联的项输入一致，对保证车号输入的准确性又加了一道防线。

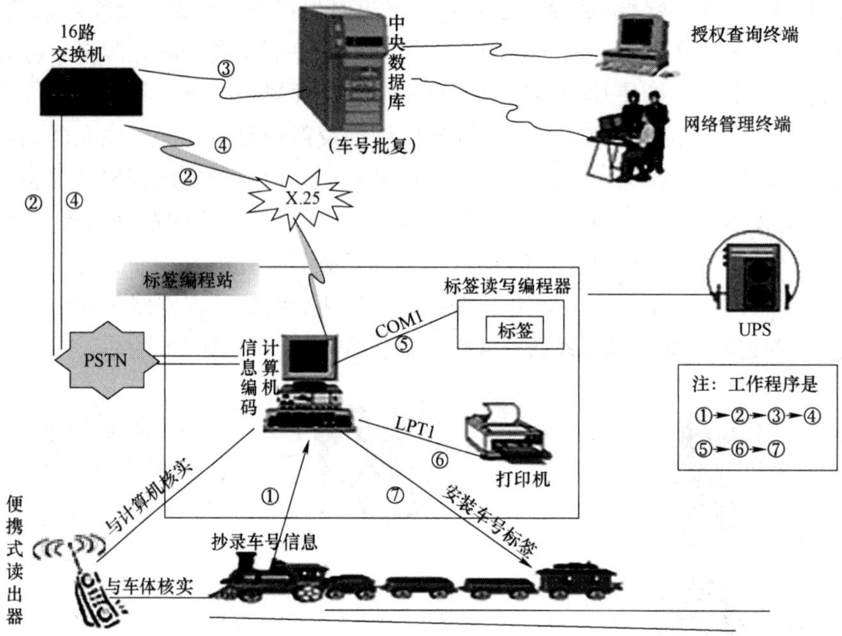

图 2.7　标签编程、安装工作程序示意图

2）“重要项目两次输入一致”校验法

在标签编程站，车号是最重要的输入项。为了避免误操作造成的错号，对车号要进行两次输入、两次校验。第一次输入校对后，如果提示“输入正常”信息，则输入框内的输入信息被清空，再将“现在车号”进行第二次输入，再校对。然后再按［两次输入一致］校验键，比较两次输入的车号。如果无异常提示信息，说明两次输入车号完全一致，车号输入正确，可进入下一车辆的信息输入；不一致时，需重新输入两次车号，直至正确。

3）“比较过滤”校验法

每个标签编程站确保输入的一批车号信息正确无误后，可向车号中央数据库申请此批车号的批复。当数据库接到申请后，采用“比较过滤”法，自动把申请的车号逐一与车号中央数据库进行比较。如果申请的车号已经被分配过了，说明申请的车号为重号，必须过滤掉此车号，即此车号不再分配，需重新分配一个新车号；不重号的仍用原申请车号。最后中央数据库将批复的此批车号反馈回标签编程站，由信息编码计算机输出到标签编程器，并写入到编程器上安置的电子标签内；同时将打印的 3 份标签内容记录贴在标签正反面和附表上；再把贴好的标签拿到站段，对号入座地安装在每辆现车底部中梁的指定位置上。全部安装完毕并检验无误，上网向中央数据库再次确认此批车号，此批确认后的车号不再分配，这样才能避免已分配过的车号再被重新分配。

4)“理论与实际结合”校验法

列车每辆车的标签安装完成后，在安装现场由检查员、验收员进行检查验收，他们使用便携式读出器逐一读出每辆现车车底标签内的信息后，首先仔细与现车车体记录及安装单逐一核对；再将便携式读出器送到标签编程站，由计算机读出其内存的内容，并自动与计算机存储的有关车号的信息核对。如果无异常提示信息，说明实际工作中车号标签没有错装、重装现象，核实结果证实“理论”与“实际”相一致。

5)“断点续接”容错技术

有时编程系统发生故障（断电、死机、机器故障等），如果防范措施不当，就会出现重传、重输、漏传和漏输的现象，重号、错号也就难以避免，甚至造成标签编程系统工作混乱，从而影响整个 ATIS 的顺利进行。

在标签编程站，比如车号信息还未完全输入，系统发生故障，待系统恢复后，通过采用断点续接技术，计算机能够把新输入的车号信息与以前已输入过的车号信息自动连接在一起。

车号全部输入完毕，在向中央数据库申请车号批复时，系统出现故障或线路中断，同样待系统恢复正常后，采用断点续接技术，系统会自动从断点处继续申请批复车号，故障前已申请的车号无须重新申请。

计算机在向标签编程器的标签写入车号信息时，如果发生故障，故障排除后，同样利用断点续接技术，还可以从断点处继续写入，无须重写，即以前的标签编程有效，标签既不会作废，也不会漏写、重写和错写信息。

2.1.4　车号自动识别系统在 5T 中的应用

车号自动识别系统作为列车车辆智能跟踪装置与 5T 结合，通过智能化、网络化等技术，实现地面设备对运行车辆的动态检测、数据集中、联网运行、远程监控、信息共享的安全防范预警体系，如图 2.8 所示。

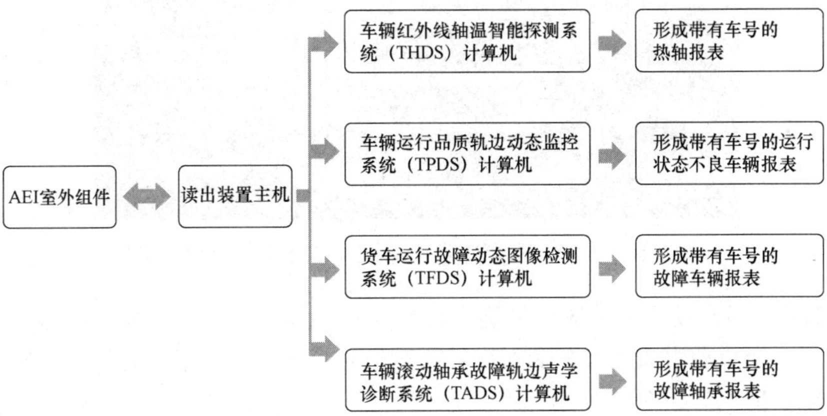

图 2.8　ATIS 与 5T 的结合应用

THDS 配套车号自动识别系统可准确及时预报发生热轴车辆的车次、车号信息，避免扣车、摘车错误的发生。对未达到预报标准的微热车辆进行准确的热轴跟踪，提高红外轴温探测系统的功效，减轻人员劳动强度，全自动生成热轴与车号数据相对应的报表，实现红外轴温探测系统网络数据的实时查询与共享。设备配套情况如图 2.9 所示。

图 2.9　红外轴温探测系统配车号自动识别系统

TPDS 配套车号自动识别系统可准确及时预报运行状态不良车辆的车次、车号信息，对轴位进行自动定位，对货车运行状态进行准确跟踪并分级评判，监测车辆总重、轮重，识别车辆超载、偏载，全自动生成运行状态与车号数据相对应的报表。设备配套情况如图 2.10 所示。

图 2.10　货车运行状态监测系统配车号自动识别系统

TFDS 配套车号自动识别系统可准确及时预报故障车辆的车次、车号信息，判断有故障的车辆的车位，全自动生成故障车辆与车号数据相对应的报表，同时将故障上传至列检复示终端。设备配套情况如图 2.11 所示。

图 2.11　轨侧、轨心探测装置配车号自动识别系统

TADS 配套 XC 型铁路车号自动识别系统可准确及时预报故障轴承的车次、车号信息，对轴位进行自动定位，全自动生成故障轴承与车号数据相对应的报表。设备配套情况如图 2.12 所示。

图 2.12　声学传感装置配车号自动识别系统

任务 2.2　XC 型铁路车号自动识别系统认知

任务描述

通过实训或现场教学，开展 XC 型铁路车号自动识别系统训练，认识 XC 型铁路车号自动识别系统的主要部件，了解 XC 型铁路车号自动识别系统如何进行安装和使用。

1. 环境与设备

安装 XC 型铁路车号自动识别系统的线路和车辆或符合条件的实训基地。

2. 项目形式

现场教学，“教、学、做”一体化。

3. 注意事项

正确使用劳动保护用品，严格遵守铁路企业安全规程，严格遵守实训场地各项规定。

4. 学习成果

工作任务单、多媒体汇报材料等。

学习资料

XC 型铁路车号自动识别系统是铁道部为实现铁路运输现代化管理，采用微波射频识别技术，达到准确可靠地自动识别运行列车车次车号的系统。在系统应用中，机车及货车各车厢均安装一个电子标签，在列车通过的各查询点安装地面读出装置，该系统最高适应车速可达 300 km/h。系统的基本工作原理如图 2.13 所示。系统关键设备如图 2.14 所示。

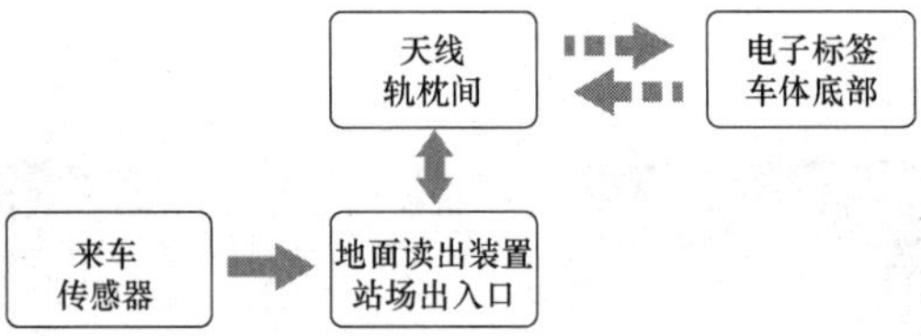

图 2.13　XC 型铁路车号自动识别系统基本工作原理

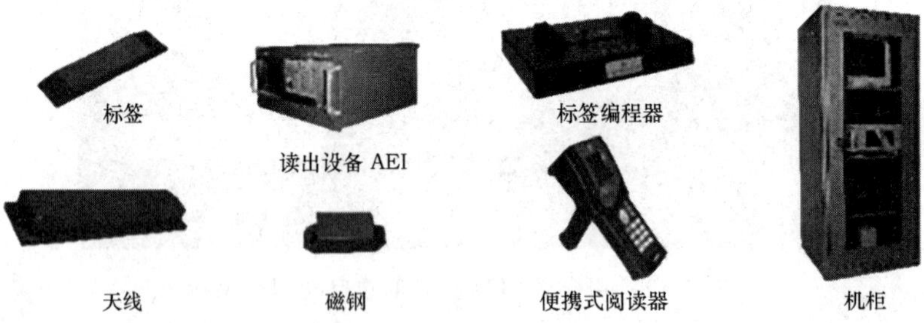

图 2.14　系统关键设备

2.2.1　系统组成

XC 型铁路车号自动识别系统组成如图 2.15 所示。其中车载式标签编程器应用于机车，计轴判辆装置用于向 AEI 主机系统提供列车通过时所在车辆（包括机车）的轴距信息，以实现计轴判辆及电子标签与机车/车辆的对位功能，来车传感器可向系统提供列车到离信息。

从设备硬件/软件角度划分 XC 型 AEI 系统，包括以下组成部分。

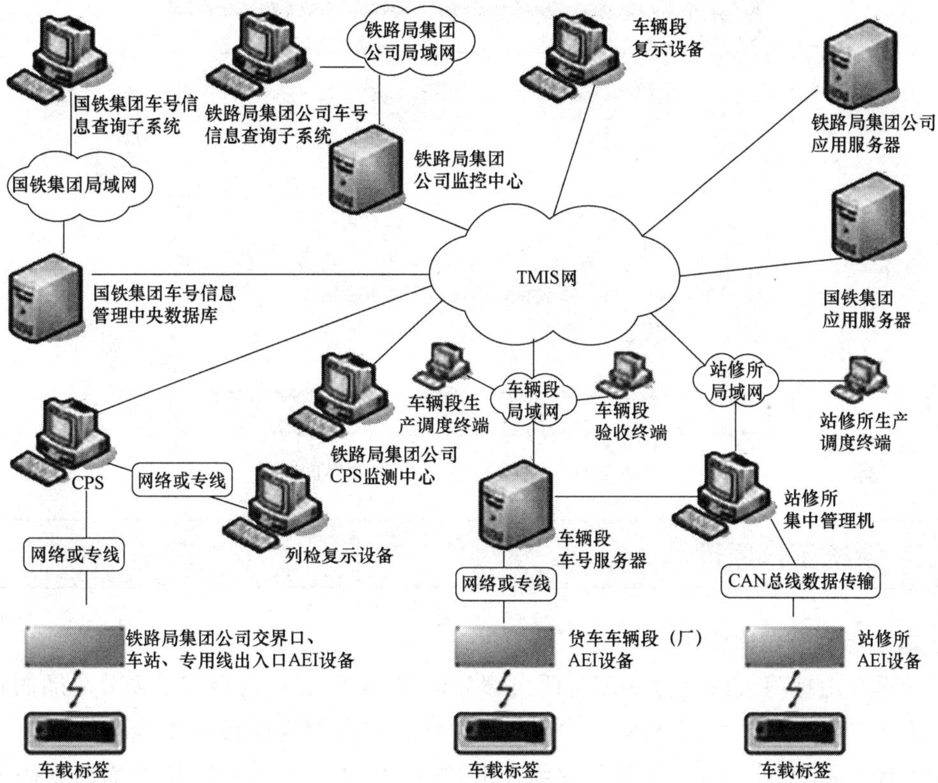

图 2.15　XC 型铁路车号自动识别系统组成

1. 硬件部分

（1）电子标签：分为机车电子标签和车辆电子标签，分别安装在机车和车辆底部，内存机车和车辆的识别信息。

（2）读出装置：又称为 AEI 设备或地面 AEI 设备，包括天线、主机等，用于读取标签中的数据。除了地面 AEI 设备之外，还有手持式电子标签读出装置。

（3）编程器：用于向标签中写入数据信息。

（4）传输系统：用于各种信息传递。

2. 软件部分

（1）XC 型 AEI 设备机务应用程序：为适应机车出入库时自动读取机车标签中的信息而开发的一组程序。

（2）XC 型 AEI 设备车辆应用程序：为适应列车进入车站、局间分界口、编组站出入口自动采集整列过车标签、机车和车辆信息的一组程序。

（3）后台数据收集、处理系统：车站集中控制与处理系统、CPS 及列检复示、局监控和转发软件。软件界面如图 2.16 所示。

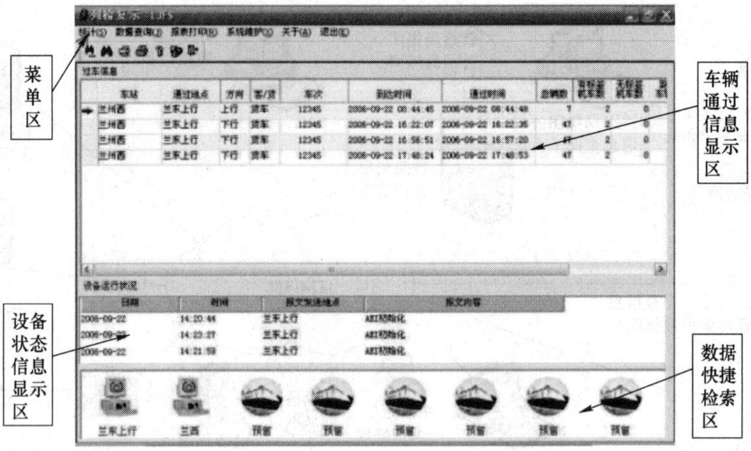

图 2.16 列检复示系统软件界面

2.2.2 系统工作原理

1. 电子标签及数据格式

电子标签由标签天线及标签芯片两大部分构成。标签芯片内存储了每节车厢的相关信息，相当于车厢的一个“身份证”。标签芯片通过与之相连的标签天线和地面读出装置之间交换能量和数据。电子标签信息编码底层采用 20 kHz/40 kHz 信号均衡编码方式实现基本的“0”和“1”，进一步为了压缩编码长度，对应于标签信息传递时间，采用了 6 位 ASCII 码。

XC 型 AEI 系统采用的是无源微波反射调制自动识别技术，其基本工作原理是读出装置发出微波查询信号时，安装在被识别物体上的电子标签将接收到的部分微波能量转换为直流电，供电子标签内部电路工作，而将另外部分微波信号通过标签内的天线反射回读出装置，由电子标签反射回的微波信号，经读出装置进行数据处理后，可得到电子标签内部储存的数据信息。

2. 读出装置工作原理

电子标签安装于车体底部，地面读出装置、AEI 设备、天线安装于轨枕之间，开机传感器安装于来车方向前方钢轨内侧，地面读出装置主机安装于路边 AEI 设备小房内。

列车到来时，首先由开机车轮传感器向地面读出装置主机传送一个开机信号，地面读出装置由天线向外发射电磁波，形成一个有效的“阅读区”。如图 2.17 所示，当安装于车体底部的电子标签进入“阅读区”后，收到微波照射信号在其内部建立电源并使电子标签内部电路工作，将所保存的标签数据信息调制到微波信号上反射回地面读出装置。地面读出装置接收到由电子标签反射回的微波信号，经数据处理后得到电子标签储存的车号识别代码等信息。

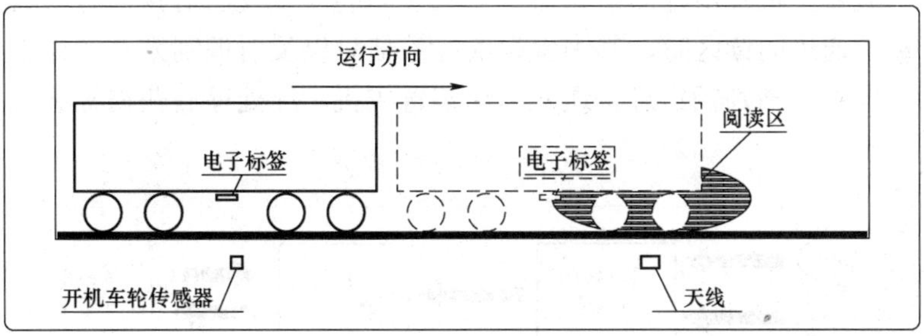

图 2.17　XC 型 AEI 系统工作原理示意图

3. 系统信息流程

图 2.18 给出了 XC 型 AEI 系统的基本信息流程。编程器将规定的数据信息写入电子标签，电子标签工作时将其储存的数据信息反射回读出装置。

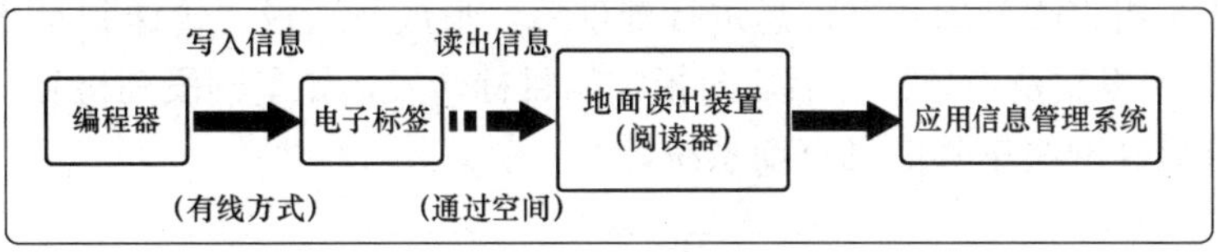

图 2.18　XC 型 AEI 系统的基本信息流程

图 2.19 给出了 XC 型 AEI 系统机车电子标签信息写入的基本流程。通过监控装置传送到安装于监测装置中的车载式编程器，由车载式编程器将其备份的固定信息及实时变化的动态信息，以在线方式写入机车电子标签。

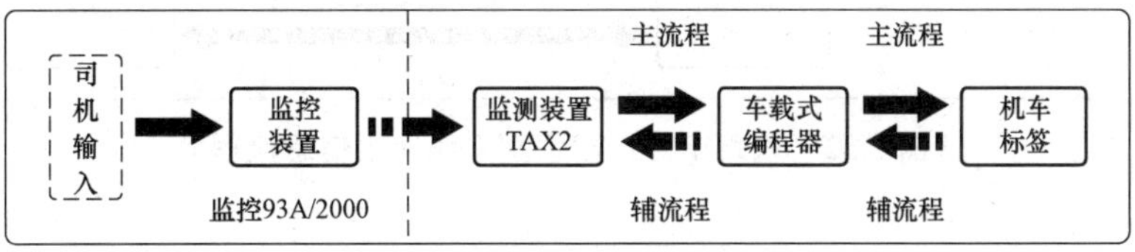

图 2.19　XC 型 AEI 系统机车电子标签信息写入的基本流程

图 2.20 给出了 XC 型 AEI 系统铁路机务系统闸楼地面读出装置工作信息流程。机车通过开机传感器后，读出装置主机发出开启射频命令，轨枕间的天线发出射频信号形成一个有效阅读区。机车电子标签通过阅读区时，其中保存的标签信息以反射调制方式经读出装置天线进入读出装置主机，处理后获得标签数据信息。

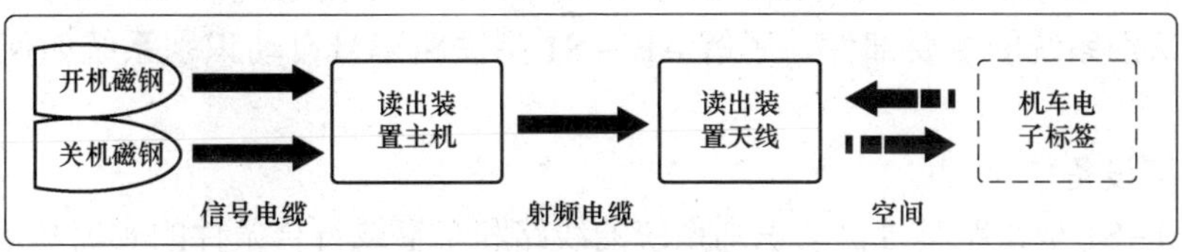

图 2.20　地面读出装置工作信息流程（机务应用）

图 2.21 给出了 XC 型 AEI 系统铁路车辆应用地面读出装置工作信息流程。列车通过开机

传感器后，读出装置主机发出开启射频命令，轨枕间的天线发出射频信号形成一个有效阅读区。车辆电子标签通过阅读区时，其中保存的标签信息以反射调制方式经读出装置天线进入读出装置主机，同时计轴判辆信息也送入读出装置主机，经处理后获得标签数据信息及标签与车辆对位信息。

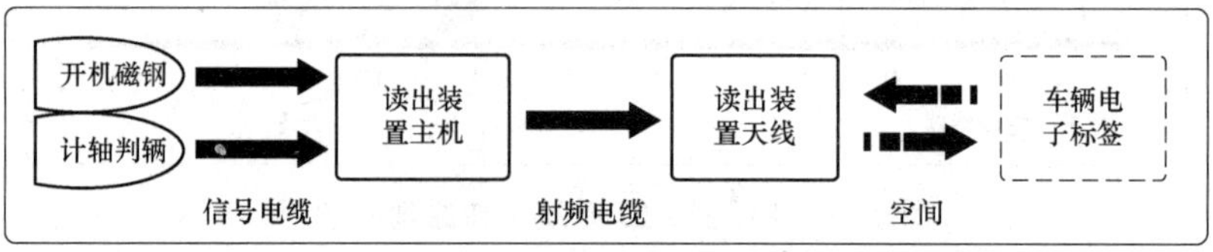

图 2.21　地面读出装置工作信息流程（车辆应用）

图 2.22 给出了铁路车号自动识别系统应用信息流程。开机后向 AEI 主机提供列车到达信息，计轴判辆传感器向 AEI 提供过车轴距信息，电子标签经读出装置天线将标签信息送入 AEI 主机。AEI 主机将收到的数据信息进行处理后，形成发送报文传送到 CPS。CPS 汇总多套 AEI 主机的数据报文及消息报文后，向指定的目标转发，如车辆段列检复示系统、基层监控系统、其他 TMIS 网络车号信息查询系统等。

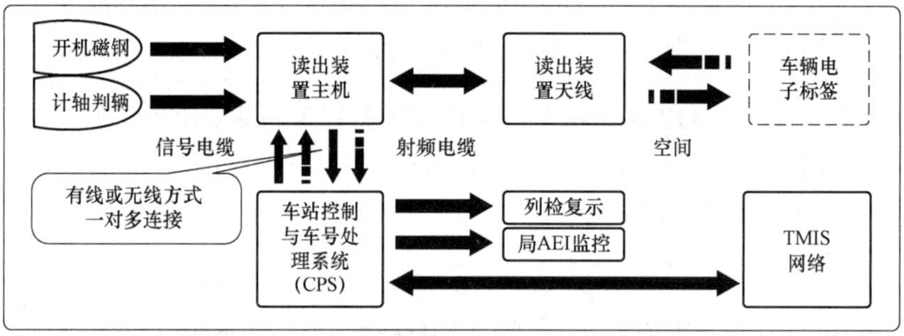

图 2.22　铁路车号自动识别系统应用信息流程

任务 2.3　AEI-S1 型铁路车号自动识别系统认知

任务描述

通过实训或现场教学，开展 AEI-S1 型铁路车号自动识别系统训练，认识 AEI-S1 型铁路车号自动识别系统的主要部件，了解 AEI-S1 型铁路车号自动识别系统如何进行安装和使用。

1. 环境与设备

安装 AEI-S1 型铁路车号自动识别系统的线路和车辆或符合条件的实训基地。

2. 项目形式

现场教学，“教、学、做”一体化。

3. 注意事项

正确使用劳动保护用品，严格遵守铁路企业安全规程，严格遵守实训场地各项规定。

4. 学习成果

工作任务单、多媒体汇报材料等。

学习资料

2.3.1　AEI－S1 型铁路车号自动识别系统的功能

AEI－S1 型铁路车号自动识别设备是目前国铁集团统一标准的车号设备，使全路地面 AEI 设备的运用、维护、检修水平上升到一个新的高度。该设备主要具有以下特点：

（1）采用标准工控机为硬件平台、Windows XP 操作系统为软件平台的新型 AEI 设备。

（2）强化自检，增强动态实时检测，方便人机对话，使现场使用人员的维护工作上了新的层次。

（3）局口采用双套 AEI 设备同时工作，实现热备形式下的数据综合。

（4）计轴判辆采用 DSP+AD 的方式，实现了磁钢信号的数字化采集与分析，设计了专门针对 AEI 运用要求的算法，改变原有磁钢信号的简单处理方式，提高了计轴判辆的准确性。

（5）系统具有远程监控、远程维护和远程管理等功能。

2.3.2　AEI－S1 型铁路车号自动识别系统的设备组成

设备由天线、车轮传感器、环路线圈、工控机（AEI 主机）、AEI 前置设备、KVM（键盘、鼠标和显示器）、低速探测装置（选装设备）、信号防雷单元、温控箱（选装设备）、UPS 电源等部分组成。其中，车轮传感器、环路线圈和天线安装在室外线路上。室外设备示意如图 2.23 所示。

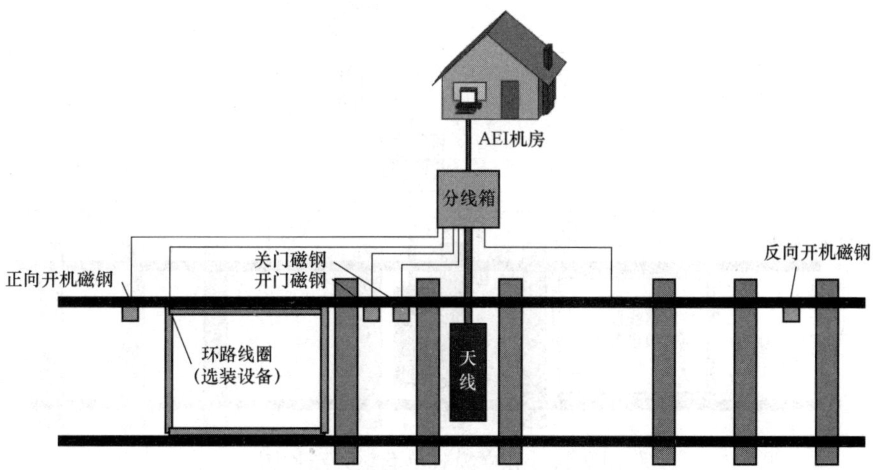

图 2.23　室外设备示意图

AEI 主机、KVM、低速探测装置、信号防雷单元、温控箱和 UPS 电源等设备设置在室内的机柜中，RF 射频模块安装在 AEI 前置设备中，Reader 卡和磁钢板安装在工业控制计算机中。

2.3.3 AEI-S1 型铁路车号自动识别系统工作过程

1. 通信过程

AEI 设备与集中管理机（CPS）程序实时保持通信联络，通信方式有专线方式和网络方式两种。

2. 采集过车信息工作流程

检测列车到来—识别标签—计轴、计辆、测速和标签定位—关闭 RF 射频装置，停止发射微波信号—形成过车报文并传至集中管理机（CPS）—设备自检报文上传至集中管理机（CPS）—准备接下一趟列车。

2.3.4 AEI-S1 型铁路车号自动识别系统工作模式

AEI-S1 型铁路车号自动识别设备根据安装的不同地点和不同要求，有两种工作模式：独立模式和数据综合模式。

1. 独立模式

独立模式根据不同的地点，分为以下两种情况。

（1）在一股道安装一套 AEI 地面识别设备，经分线箱引入室内，AEI 主机通过对过车数据的采集形成过车信息报文，如图 2.24 所示。

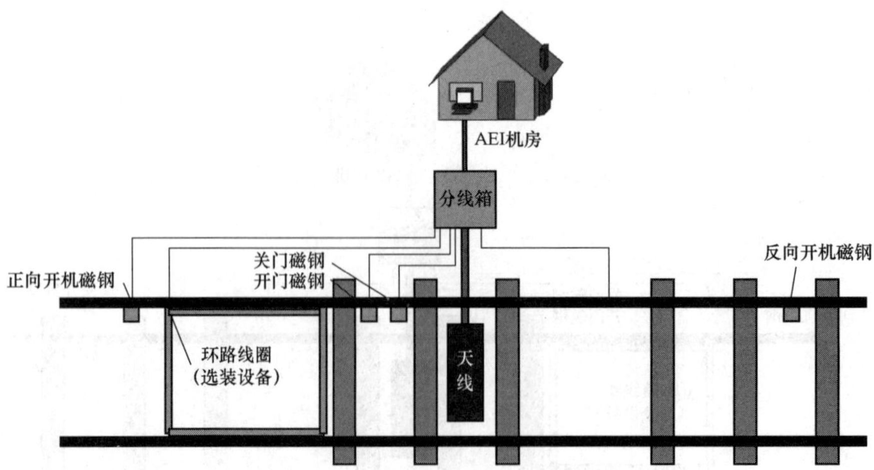

图 2.24　独立模式单套室外结构图

（2）在复线上下行的两个股道分别安装一套地面 AEI 设备，经各自分线箱引入室内对应的 AEI 主机，最终形成独立的过车信息报文，该模式适应环境比较广，如图 2.25 所示。

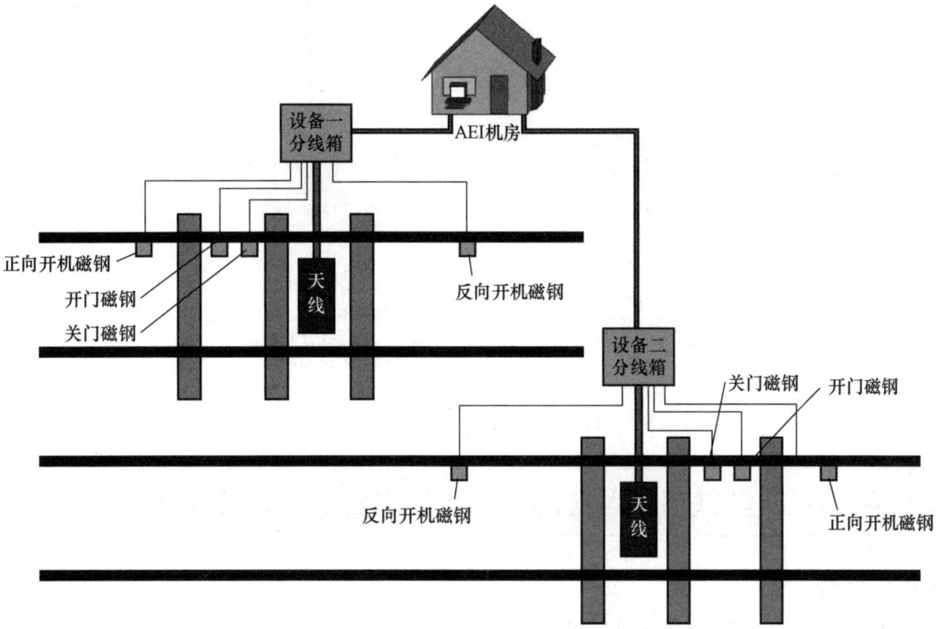

图 2.25　独立模式双套室外结构图

2. 数据综合模式

数据综合模式多用于路局分界口，在同一股道分别安装两套 AEI 地面识别设备，主机和从机的报文经过综合处理后，最终形成一个过车信息报文，如图 2.26、图 2.27 所示。

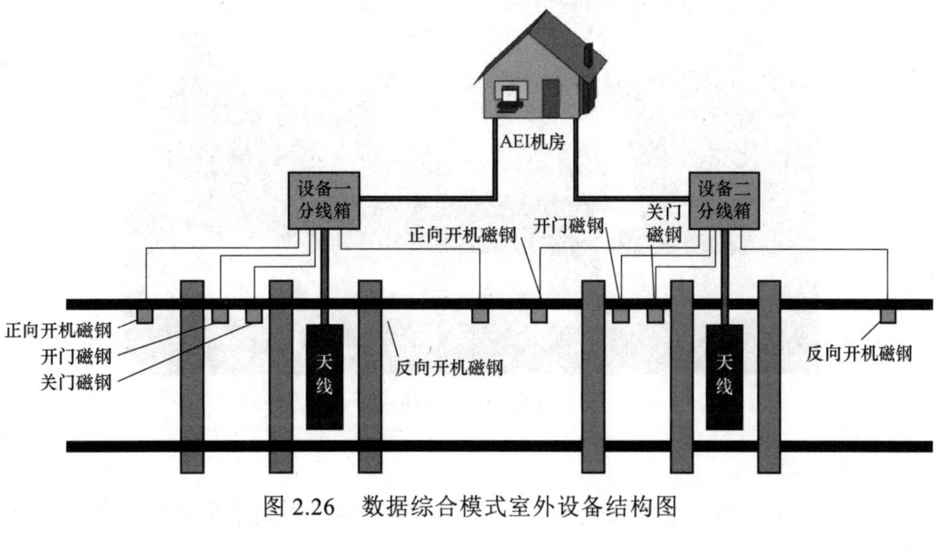

图 2.26　数据综合模式室外设备结构图

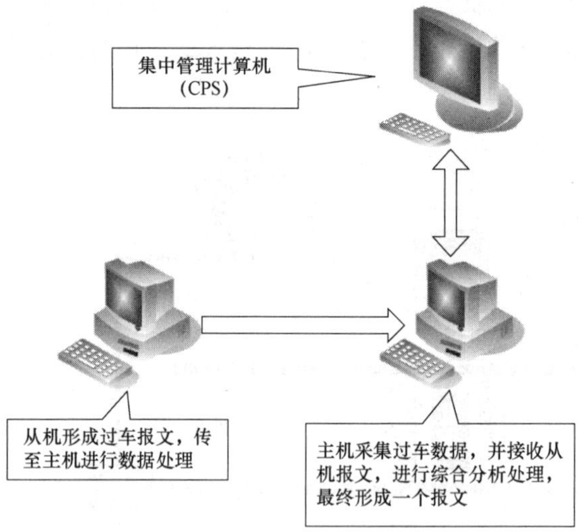

图 2.27　数据综合模式处理流程图

2.3.5　AEI－S1 型铁路车号自动识别系统各部分功能及原理

1. 室外设备

室外设备由天线、车轮传感器（磁钢）、环路线圈组成，下面分别介绍各设备的原理及功能。

1）天线

天线用来发射微波信号和接收标签反射回来的数据信号，安装在两枕木之间，用同轴电缆与 AEI 前置设备连接，如图 2.28 所示。

图 2.28　天线

2）车轮传感器

车轮传感器又称磁钢，是用来采集车轮信号的传感器，磁钢采集的信号送入主机内的磁钢板进行数据处理，如图 2.29 所示。

图 2.29　车轮传感器

3）环路线圈

低速探测装置的环路线圈安装在两根钢轨中间，用专用卡具固定，引线不分正负极，如图 2.30 所示。

图 2.30　环路线圈

2. 室内设备

室内设备由工业控制计算机、Reader 卡、磁钢板、AEI 前置设备、KVM 装置、低速探测装置、信号防雷单元、温控箱和 UPS 电源组成，下面分别介绍各设备的原理及功能。

1）工业控制计算机

如图 2.31 所示。

图 2.31　工业控制计算机

2）Reader 卡

Reader 卡采用 ISA 总线接口，可解码 FSK 和 FM0 制式的标签，并集成了 Reader 卡自检电路的设计，如图 2.32 所示。

图 2.32　Reader 卡

3）磁钢板

磁钢板以 DSP 芯片为核心，采用 A/D 采样，利用 DSP 运算速度快的特点，完成对磁钢信号的采集、处理、判断、识别等，磁钢板采用 PCI 总线接口，如图 2.33 所示。

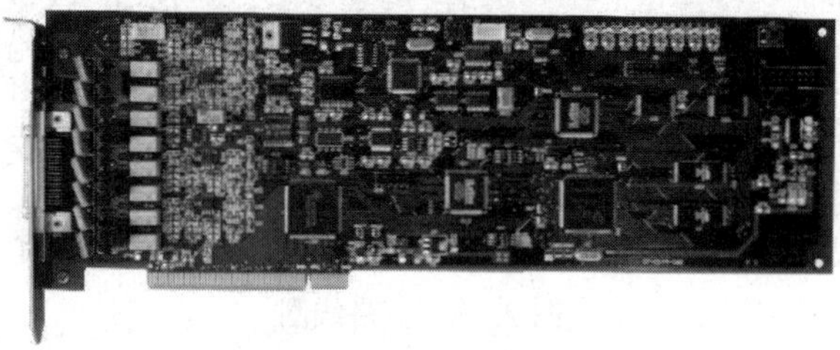

图 2.33　磁钢板

4）AEI 前置设备

AEI 前置设备是一个密封的箱体，按功能分为 4 个部分，即 RF 射频模块、微波加载部分、综测部分和通信接口控制部分，如图 2.34 所示。

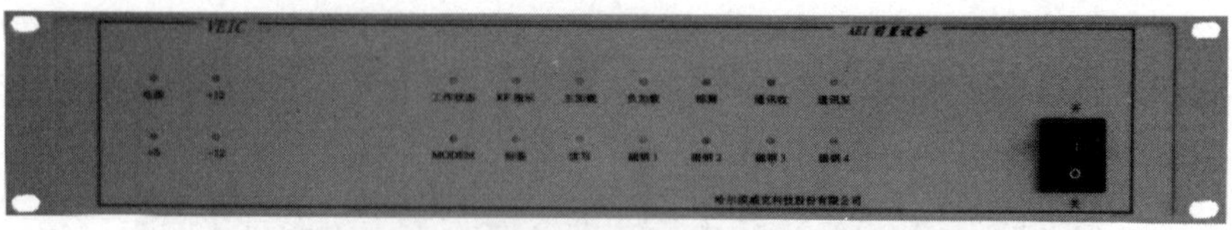

图 2.34　AEI 前置设备

RF 射频模块：产生标准的微波信号，通过天线发射出去。

微波加载部分：经过两次调制（调频、调幅）将地面信息调制到微波信号上，通过天线发射出去。

综测部分：将 RF 射频模块输出功率通过耦合电路、检波电路、分频电路、A/D 转换电路和 MCU 处理后，实现对 RF 射频模块的输出功率、频率和天线驻波比的检测。综测流程如图 2.35 所示。

通信接口控制部分：用于接收 AEI 报文转发程序的控制命令，完成特定的操作。在专线通信故障时，控制电路重新启动 Modem 电源，使 Modem 重新建立通信连接，保证通信正常。

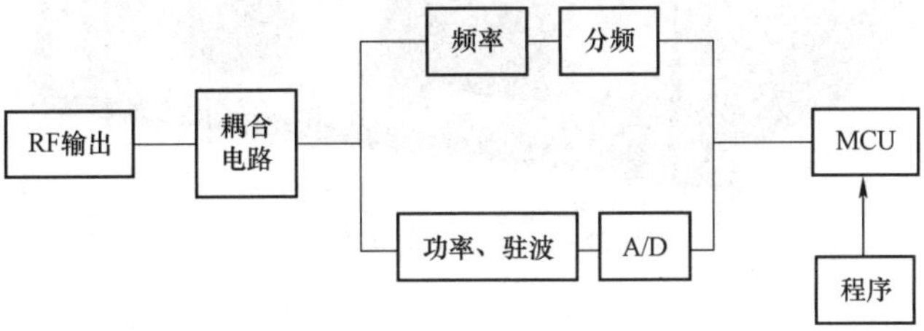

图 2.35　综测流程

5）KVM 装置

KVM 装置是将鼠标、键盘和显示器集成在一起的设备，可代替多套鼠标、键盘和显示器，用户通过选择相应计算机按钮，来浏览和操作计算机，如图 2.36 所示。

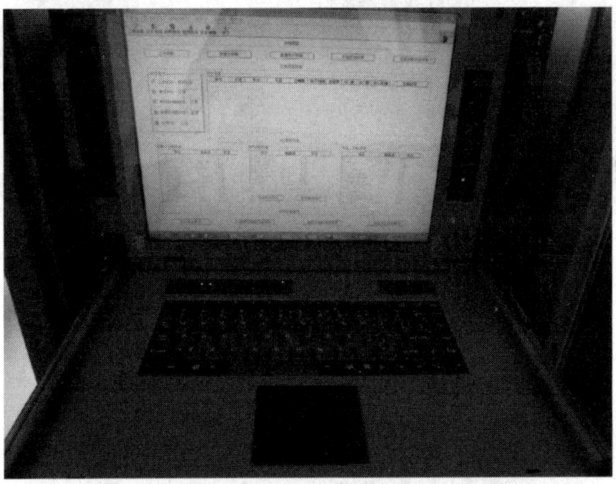

图 2.36　KVM 装置

6）低速探测装置

低速探测装置利用电涡流效应原理，根据环路线圈电感变化，检测列车存在与否。低速探测装置通过 USB 接口与主机通信，增加了谐振自动调节电路，实现谐振电路自动调节，如图 2.37 所示。

图 2.37　低速探测装置

7）信号防雷单元

地面 AEI 设备的防雷单元应有良好的接地，制作地线时应严格按照地线制作要求进行施工，如图 2.38 所示。

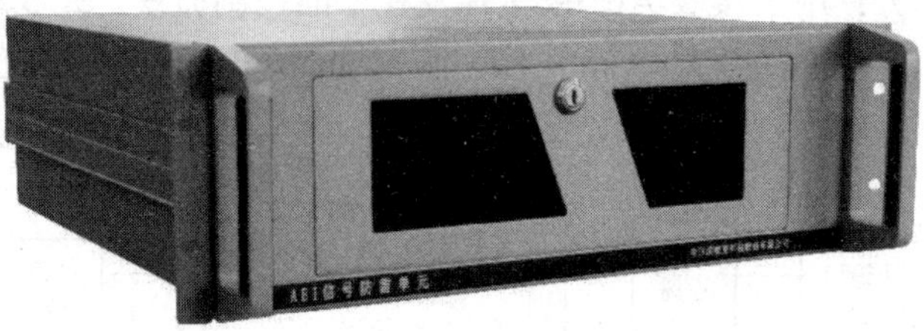

图 2.38　信号防雷单元

8）温控箱

温控箱的作用是当机柜温度降到－20 ℃时自动加温，同时启动箱底的风扇将热风向上吹，使整个机柜的温度均匀上升，加热到 0 ℃左右时停止加热，如图 2.39 所示。

图 2.39　温控箱

9）UPS 电源

UPS 电源采用 HYB 增强型不间断电源，如图 2.40 所示。

图 2.40　UPS 电源

2.3.6　AEI-S1 型铁路车号自动识别系统安装位置要求

车号设备安装应符合技术要求，不得侵入建筑接近限界。具体安装应考虑以下条件：

（1）优先选取水平直线区段，如不满足也可选取曲线半径不小于 1 000 m 的区段。

（2）距离辙叉应大于 30 m，最小不能少于 10 m；天线安装地点应尽量靠近设备机房，主机距离天线的电缆长度应小于 25 m，困难地段不能超过 30 m。在工程可实施的前提下，应尽可能准确，以提高数据传输质量。

（3）天线安装地点应位于一节钢轨的中间，如因某种原因不能安装在中间，则安装位置距最近的钢轨接头应大于 10 m。

（4）避开不利的地理位置，防止设备遭受雷击、洪水、塌方等自然灾害的破坏。

任务 2.4　工业控制计算机认知与检修

任务描述

通过实训了解工业控制计算机（下称工控机）的结构与特点，安装操作系统、驱动程序和必要的软件。

1. 环境与设备

机房或实训室、工业控制计算机。

2. 项目形式

实操。

（1）单人或分组识别：工控机的板卡、接口、外接设备名称。

（2）单人或分组操作：工控机外设连接。

（3）单人或分组操作：工控机 Windows 系列操作系统（从 Windows 2000 开始至 Windows 7 之前的系统，包括服务器版操作系统，可随机抽取部分练习，也可全部练习）安装。

（4）单人或分组操作：工控机驱动程序、系统安全补丁、杀毒软件、铁道车辆动态检测系统应用软件安装。

3. 注意事项

遵守实训场地安全规定，不得带电开启工控机盖板，不得带电插拔硬件。

4. 学习成果

工作任务单。

5. 知识拓展汇报或讨论

工控机是否可以使用安卓、iOS 或其他操作系统或平台，原因是什么？

学习资料

工业控制计算机是工业自动化设备和信息产业基础设备的核心。工业控制计算机是“应用在国民经济发展和国防建设的各个领域、具有恶劣环境适应能力、能长期稳定工作的加固计算机”，简称“工控机（IPC）”。

2.4.1 工控机的特点

1. 恶劣环境下稳定工作

由于工控机大多运用于高温、低温、高湿度、高盐度、高振动、高分贝噪声、高电磁干扰等工业生产环境，以及一些特殊行业领域，且需要长时间开机运行，因此，工控机需要能在恶劣环境长时间稳定工作。为此，工控机有一些区别于一般计算机的设计，如：主板使用固态电容，接口使用特殊卡口固定，使用电子硬盘乃至固态硬盘，加强的散热设计，无风扇设计，等等。

2. 较高的安全性

大多数工控机直接控制工业生产设备和其他特殊设备的运行，因此需要有足够的安全性。工控机面板的I/O接口（输入输出接口）设有锁，部分工控机主板设有安全认证芯片，防止未经授权的人随意操作工控机，也防止计算机病毒、后门程序等破坏工控机的运行。有些工控机还进行了电磁屏蔽设计，防止外界电磁干扰导致无法工作。

3. 丰富的接口和较好的兼容性

工控机连接的设备大多以串口、并口为主，有的甚至需要连接定制的接口，故相比个人计算机和服务器，工控机的主板接口较为丰富，且大多为现在主流计算机已经淘汰的接口，有的工控机还保留光盘驱动器甚至软盘驱动器，能兼容大多数工业生产设备，能安装Windows 7之前的操作系统、Linux操作系统甚至定制的操作系统。

4. 较低的能耗与较低的配置

由于工控机运行的程序较为单一，同时也为了降低能耗，在恶劣环境下减少热量散发，故工控机的性能较个人计算机和服务器低，一般落后于主流计算机配置几代，有的工控机甚至使用十几年前的配置，也有的工控机使用低电压版的CPU、内存等。

2.4.2 工控机的维护

1. 硬件

工控机随工业生产设备开机、停机。当工控机运行时，须定期清洗面板的过滤网，防止大量灰尘进入机箱影响散热甚至造成板卡损坏，检查工控机背后的线缆是否松动、破损，听工控机内部有无异响、风扇噪声是否偏大，等等。

当工控机停机时，可拆开机箱，清理内部板卡灰尘，检查内部板卡接线是否松动。

2. 软件

第一，备份所有的软件和驱动程序。由于工控机的配置和软件较为特殊，在工控机投入使用后，须对所有安装在工控机的软件和驱动在全盘备份的基础上进行单独备份，以免硬盘损坏更换硬盘后无法安装软件和驱动程序导致设备无法运行。

第二，及时更新杀毒软件。大多数工控机未连接互联网，因此安装的杀毒软件需要离线更新病毒库，或者使用内部网络的网络版杀毒软件进行定期更新。

第三，封闭 I/O 接口。当设备正常运行时，为防止外来存储设备携带计算机病毒入侵工控机，以及未经授权的人员操作工控机，须将 I/O 接口封闭，可以贴封条也可以从内部将接口的电缆拔掉。

项目检验与评价

（1）开展学习交流活动，学生以多媒体形式展示或汇报，并进行多方交流和评价，从而进行改进和修订。

（2）学生、教师填写评价表，由教师确定考核标准，对任务完成情况进行定量考核。

项目 3

车辆红外线轴温智能探测系统

项目描述

车辆运行时，承重轴承都会由于摩擦而产生热量。轴承正常运转时，它所产生的热量会使其表面温度趋于稳定值。当轴承内部出现故障时，便会使摩擦加剧，温度突升，达到一定程度时，便形成热轴，严重者导致热切轴，使运行中的车辆颠覆，给行车带来重大隐患。人工对热轴现象很难及时发现，目前我国铁路车辆主要利用红外线进行非接触式的轴温探测。本项目通过理论结合实践，进行车辆红外线轴温智能探测系统（THDS）的相关学习和实践演练。

学习目标

1. 掌握 THDS 主要设备组成
2. 掌握 THDS 工作原理
3. 认识 THDS 主要设备
4. 学会车辆红外线轴温智能探测作业
5. 能进行 THDS 日常检修作业

任务 3.1 THDS 认知

任务描述

通过学习理论知识和认知训练达成掌握 THDS 主要设备组成、THDS 工作原理等学习目标。

1. 环境与设备

THDS 探测站、THDS 中心、安装了该设备的车辆。

2. 项目形式

现场教学，“教、学、做”一体化。

3. 注意事项

正确使用劳动保护用品，严格遵守铁路企业安全规程，严格遵守实训场地各项规定。

4. 学习成果

工作任务单、多媒体汇报材料等。

学习资料

3.1.1　THDS 的原理

THDS 属于 5T 系统之一，是利用物体温度与红外线辐射能量相关的原理，采用非接触式红外辐射测温技术，探测运行中车辆轴承的温度，实现车辆轴承温度的动态监控，智能预报车辆轴承故障，防止铁路车辆热切轴事故发生的运行安全检测系统。

THDS 利用轨边红外线探头，对通过车辆每个轴承温度实时检测，并将检测信息实时上传到路局集团公司车辆安全监测中心，进行实时报警。通过配套故障智能跟踪装置，实现车次、车号跟踪，热轴车号精确预报，重点探测车辆轴承温度，对热轴车辆进行跟踪报警，重点防范热切轴事故。

3.1.2　THDS 的演变

20 世纪 70 年代，开始研制一代机，采用热敏电阻测温，交流放大，不定量测温，描笔式记录仪输出，人工判断热轴。通过铁路内外有关科研人员 15 年的共同努力，于 1973 年试制出了第 1 台样机。

1977 年，铁道部完成对 HZT－1 型描笔式红外线轴温探测器的技术鉴定。1978 年，全路推广运用。HZT－1 型描笔式红外线轴温探测器一般由安装在进站咽喉区外边的探头、探头附近的发送端机和列检所内的接收端机组成，由接收端机的描笔式记录仪根据轴温信号绘出轴温波形，供值班员判别后通知列检人员处理。探测器不具备数据处理和贮存记忆功能，以探测滑动轴承为主，适应的列车速度为 5～70 km/h。

1985 年后，研制二代机早期产品，采用热敏电阻测温，直流放大，定量测温，计算机进行数据采集和处理，自动判别预报热轴。

20 世纪 90 年代，大面积推广使用二代机，探测站无人值守，实现分局中心、复示站、探测站的网络连接。主要代表机型有哈科所（威克）HTK－391、广汉厂（科峰）HTZ－2000、航天部 502 所（康拓）HBDS－II。

HBDS－II 型红外线轴温探测系统（简称二型机）是红外线设备代表机型之一，经历了单点就地复示和联网监测两个阶段，并最终形成了以模拟网为主干网的综合预报网络系统，1993 年通过了铁道部技术评审。

HBDS－III 型红外线轴温探测系统（简称三型机）是为适应我国铁路逐步提速的形势，探测快速列车、高速列车轴温的需要而开发的新型红外线轴温探测系统，可满足探测以

360 km/h 速度运行的列车轴温和热轴报警的需要。1998 年以后，采用光子器件，研制推广适应高速列车的探测系统。主要代表机型有哈科所（威克）HTK－499、广汉厂（科峰）HTZ－2000+、航天部 502 所（康拓）HBDS－III，2000 年通过了铁道部技术评审。

铁路提速后，针对轨边设备快速维护的要求，开始研制新型轨边设备和新型轴温探测系统，做到结构紧凑、体积小、便于拆卸，以适应提速后轨边作业的要求。以此为基础研发的 THDS－A 型红外线轴温探测系统（简称四型机）在 2006 年通过了铁道部技术评审。

为加强设备管理，方便设备使用维护，铁道部运输局 2010 年制定了统一 THDS 设备制造标准规范，由康拓红外公司牵头，THDS 设备制造厂家共同开发了统一制造标准的 THDS－B 型红外线轴温探测系统，2011 年通过了铁道部设备生产和产品评审。

3.1.3 THDS 的组成

铁路车辆在运行过程中，如果轴承内部损伤或外部受力不合理，会导致轴承发生结构部件过度磨耗或损坏、卡滞等故障，如果不及时对这些轴承故障发出警告，最终会导致严重的列车安全事故。

铁路车辆轴箱温度过高是车辆轴承出现故障的一个重要表征，而且轴承故障的严重程度与轴箱温度的高低有着密切关系。红外轴温探测系统通过实时测量行进中列车车辆的轴箱温度，并根据是否出现异常轴温（热轴）判断车辆轴承状态是否异常，及时发出警告，从而防止出现列车热切轴事故。

经过多年的发展，红外线轴温探测系统目前已形成保障列车运行安全的一个智能化、网络化、信息化系统，综合运用红外线探测技术、自动控制技术、光机电一体化技术、计算机技术、信息处理技术、网络通信技术，实现分散探测、集中报警、联网运行、信息共享，防止铁路车辆热切轴事故的发生，成为保障铁路运输安全与畅通的一个重要体系。

THDS 由探测站、红外线复示中心、红外线监测中心等组成，主要完成列车车速、轴距、轴温等列车运行信息的采集、处理、信号的传输通信、热轴预报及数据存储显示查询等功能。THDS 结构示意图如图 3.1 所示。

THDS 设备主要作业内容有：

（1）全列过车轴温波形和磁钢信号波形的采集。

（2）辅助磁钢板的中断信号处理及轴距、车速数据采集。

（3）列车车号信息的采集。

（4）外围硬件 IO 控制及环箱温、靶温等温度处理辅助数据采集。

（5）系统工作时独立的自检信息所需数据的采集。

（6）全列过车轴温计算。

（7）全列过车信息传输。

（8）全列过车热轴预报。

（9）过车信息存储及查询。

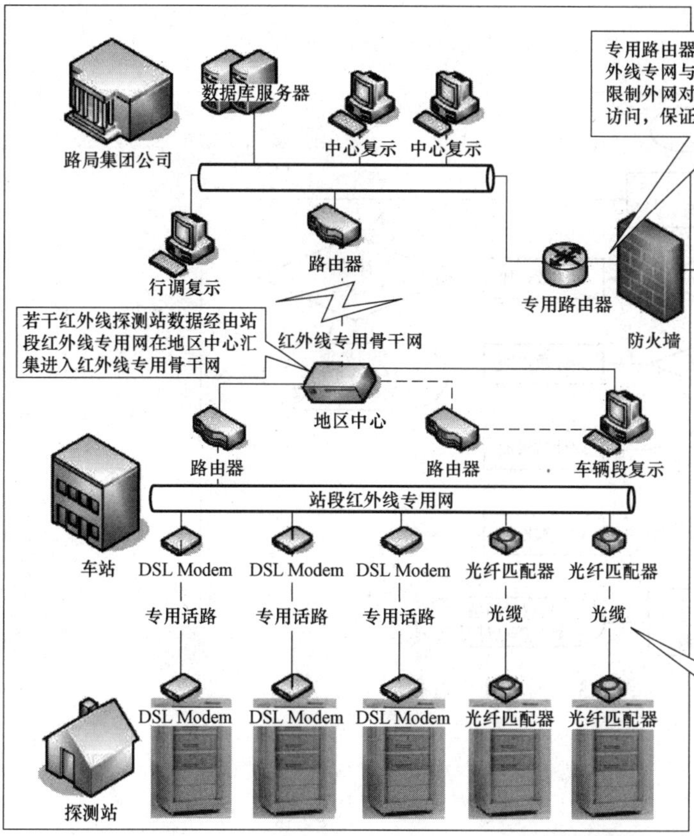

图 3.1　THDS 结构示意图

3.1.4　THDS 的工作过程

1. 中心处理过程

见图 3.2。

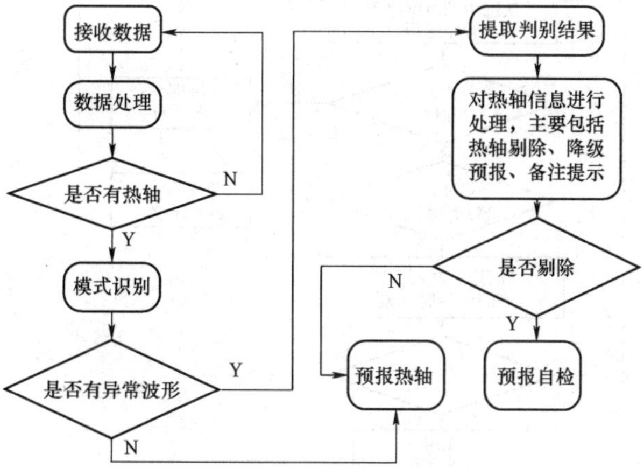

图 3.2　中心处理过程

2. 列车处理过程

见图 3.3。

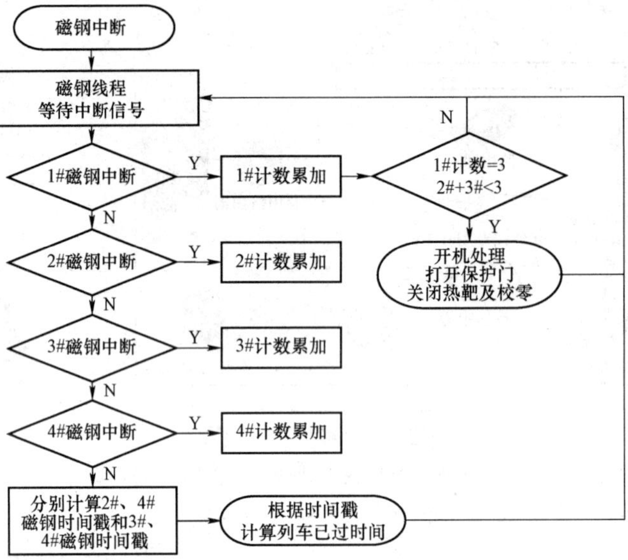

图 3.3　列车处理过程

3. 计算速度和轴距

见图 3.4。

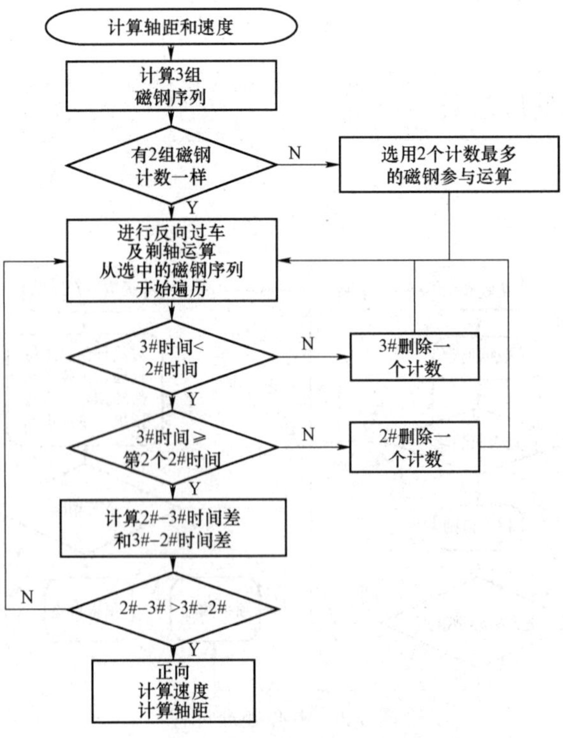

图 3.4　计算速度和轴距

4. 轴温处理

见图 3.5。

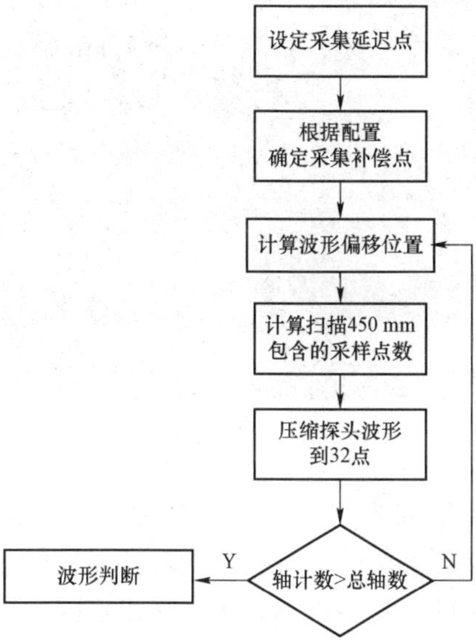

图 3.5　轴温处理

3.1.5　THDS 探测站

探测站是红外轴温探测系统的最前端，探测站的列车轴温探测信息是整个全路联网系统的基础数据，是各级系统报警、查询、分析、统计的数据来源。

1. 设备构成

探测站设备包括室内设备和室外设备两部分及其连接电缆。如图 3.6 所示，室外设备包括车轮传感器（简称磁钢）、红外轴温扫描器（内装温度传感器）、卡轨器、室外分线箱、除雪装置、环温箱（环境温度传感器）、车号智能跟踪装置天线等。如图 3.7 所示，室内设备包括电源防雷箱、通道防雷箱、UPS 不间断电源、探测站机柜、控制箱、电源箱、工控机等。

图 3.6　室外设备

图 3.7　室内设备

室外设备是探测站的重要组成部分，主要的传感器都安装在轨边的轴箱扫描器和卡轨器中。轨边设备的技术性能直接影响轴温测量的准确度和系统的稳定度。

室外设备结构紧凑，安装时不用拔枕木、不用深挖道砟，便于轨边设备的快速安装。卡轨器离道砟较高，排除了道砟挤压影响，提高安装的一致性和探测角度的准确性。轨边设备机构部件设计精巧，具有探头可快速安装、快速更换的特点，适应了列车提速对轨边作业的新要求，方便了提速干线设备的维护。设备具有很好的兼容性，电缆布线设计时，充分考虑了兼容性，可以兼容各厂家的探头、磁钢、板件等。轴温探头安装卡具，具有快装快拆的功能。轴箱扫描器具有自动扫雪、融雪功能，适应冬季列车探测的需要。

2. 红外探测器

红外探测器是红外传感器的核心，利用红外辐射与物质相互作用所呈现的物理效应来探测红外辐射。根据对红外辐射响应方式的不同，红外探测器分为热敏探测器和光子探测器两大类。热敏电阻探测器属于热探测器，由于有热转换过程，因此响应速度比较慢。

1）探测器的种类

按照红外探测器件的种类区分：

（1）热敏探测器，探测器件为热敏电阻。

（2）光子探测器，探测器件为碲镉汞。

按照放大电路的种类区分：

（1）直流探测器，放大电路为直流放大电路，有校零挡板。

（2）调制探测器，放大电路为交流放大电路，有调制盘。

在直流探测器光路的前方设置一个挡板，作为校零的基准；挡板表面为黑色，其温度通过粘在挡板上的温度传感器测出。在进入探测状态之前，探测器探测挡板进行校零，即校零电路使探头输出为 0 V，然后挡板打开，进入探测状态。此时校零电路不再起作用，即为保持状态。系统主机根据探测器输出的电压值计算温度，该温度即为相对于挡板的温升，加上挡板温度即为轴箱温度。

使用交流探测器时，安装调制盘于碲镉汞器件和光学系统之间。调制盘是用对红外辐射不透明的材料制作的圆盘，边缘均匀开有齿孔，齿孔位于探测器光路上。探测器在探测状态时，电机带动调制盘转动，切割光路，将轴箱红外辐射信号调制为交变信号再被探测器接收，转换成交流电信号。

2）探测方式

探测方式分为内探和外探。探测器光学中心距钢轨内侧距离 265 mm 为内探，探测器光学中心距钢轨内侧距离 415 mm 为外探。在实际使用中，采用双探方式测量，每侧设内探与外探两个探测器，安装示意如图 3.8 所示，探测器扫描位置如图 3.9 所示。

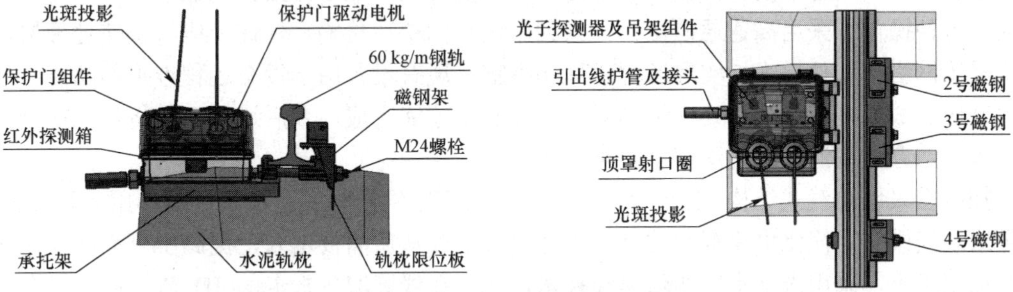

图 3.8　安装示意图

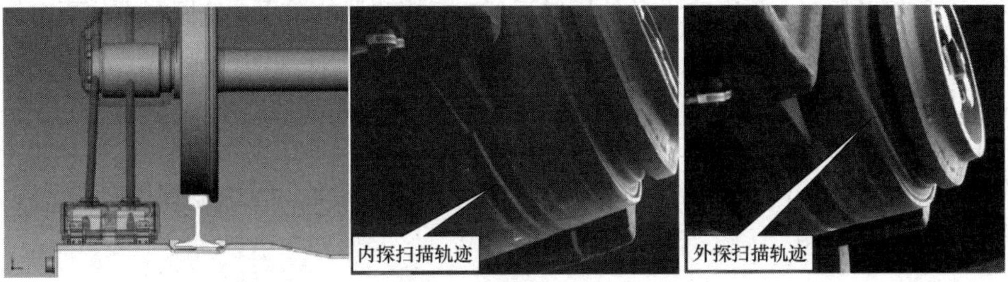

图 3.9　探测器扫描位置

3. 车轮传感器（磁头）

如图 3.10 所示，1#磁头为开机磁头。系统采集到 1#磁头信号，进入探测状态，探头箱大门打开，调制型探测器调制盘开始运转。车轮压过 2#磁头，系统采集到 2#磁头信号，直流放大探测器校零结束，打开挡板，校零电路进入保持状态。

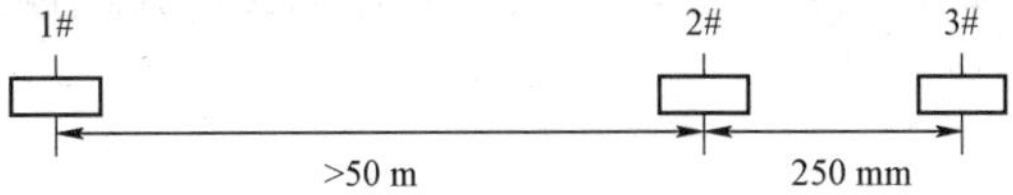

图 3.10　磁头位置示意图

2#、3#磁头信号结合可使系统测量车速和轴距。系统采集到同一个车轮压过 2#、3#磁头之间的时间，去除以 2#、3#磁头之间固定的距离，即为该车轮通过时的速度。相邻车轮压过 2#或 3#磁头间隔的时间，乘以速度，即为这两个车轮之间的轴距。

系统采集到 3#磁头信号后经过一段时间，轴箱位于探测器探测范围内，系统开始采集探测器输出成为与轴箱温度对应的探测波形。

4. 室内设备

室内设备是探测站的核心，在设计时要求在实现基本功能外，着重考虑可靠性、稳定性、维护的方便性等方面。

高速处理器、大容量存储器的运用，保证了探测站可以实现对高速运行列车动态信息的采集。列车信息包括车速、车号、轴温等，为更准确测温、准确预报、提高兑现率，必须有更丰富的列车信息为基础，通过对大量基础信息的分析处理，更准确把握列车轴温的变化规律，正确预报热轴。

主计算机采用标准的工控机，性能稳定，功能强大。配备键盘显示器，具有良好的人机界面，方便操作。采用高速通信接口，为列车信息的快速传输、快速反应、快速处理提供基础。采用网络和软件技术，实现远程管理和维护。现有设备由于没有远程维护的功能，使得软件升级、故障判断、故障处理工作必须到探测站才能完成，今后这些工作将可以在维护中心、车间、办公室通过远程通信手段来完成。

控制箱采用总线式结构，便于系统的维修，对缩短维修时间有决定性的作用。采用功率、信号双总线模式，简化电路板间的互连，外引线全部从后面板出入，提高了可靠性，简化了生产加工工艺。采用内部串行通信总线技术，实现在线读取各板卡的 ID 号，便于三个系统对电路板卡的实时同步管理。采用磁钢冗余技术，基本消除了磁钢故障对设备接车的影响。当任意一个磁钢故障时，不影响设备的正常运行。双探测器的采用，使探测方位更有针对性，两个探测器也起到冗余的作用，从而提高了设备运行、热轴探测的可靠性。

5. 探测站设备安装原则与位置

THDS 探测站设备一般每 20～40 km 安装一个，一般安装在车站的咽喉区附近。单线铁路一股道安装两套设备，双向检测；双线铁路上下行分开安装，仅检测各自股道正向运行的列车，反向行车不检测。

3.1.6 THDS 各级中心

THDS 包括监测中心、行调终端、复示终端、服务器等各级中心。各中心对所管辖的探测站的数据及网络进行管理，把所有收到的信息及时、准确地反映出来，在中心的屏幕上可随时观察到。收到正确的过车报文后，对报文进行分析，提取热轴信息、故障信息，同时进行过车报文的显示打印。如有热轴信息，则采用声音报警，并把报文存入硬盘。

扩展阅读

红外线基础知识

人眼能够看见的可见光仅是整个电磁波谱中的一部分。可见光可以分解为单色光，按波长从长到短排列，依次为红、橙、黄、绿、青、蓝、紫。其中红光的波长范围为 0.62～0.76 μm，紫光的波长范围为 0.38～0.46 μm。比紫光波长更短的光为紫外线，比红光波长更长的光就是红外线。红外线的波长分布约在 0.75～1 000 μm。

任何物体只要温度高于绝对零度（−273.15 ℃），就会有红外线辐射出来。物体的温度越高，辐射出来的红外能量就越多。但不同物体的红外线发射率不同，同一种材料在不同波段的发射率的差异也很大。因此温度相同的物体，红外辐射能量不一定相同，同一物体在不同波段的红外辐射能量也不同。物体向外辐射能量的大小及其按波长的分布与它的表面温度有着十分密切的联系，物体的温度越高，红外辐射能力越强。

由于物体的温度与其红外辐射能量有关，利用能够将红外辐射转换为其他信号的红外传感器，能够以非接触的方式测量物体的温度。红外测温具有非接触性、灵敏度高、检测速度快的优点，但也有材料成本高、制造成本高，以及难以精确测量物体某一点确切温度值的不足之处。而且由于辐射能具有扩散性，与位置、方向、波长、时间、偏振态等有关，难以达到很高的测量精确度。

在铁路车辆红外轴温探测系统中，红外传感器称为探头，是将车辆轴箱的红外辐射转换为电压输出的传感器。探头输出的电压被后续系统采集、处理、转换后，系统根据电压值计算轴箱温度。

1. 热辐射

热辐射是由于物体具有温度而辐射电磁波的现象，热辐射是热量传递的三种方式之一。

一切温度高于绝对零度的物体都能产生热辐射，温度越高，辐射出的总能量就越大，短波成分也越多。热辐射的光谱是连续谱，波长覆盖范围理论上可从 0 直至∞，一般的热辐射主要靠波长较长的可见光和红外线。

由于电磁波的传播无需任何介质，所以热辐射是在真空中唯一的传热方式。

温度较低时，主要以不可见的红外线进行辐射，当温度为 300 ℃时，热辐射中最强的波长在红外线区。当物体的温度在 500 ℃以上至 800 ℃时，热辐射中最强的波长成分在可见光区。

2. 黑体

黑体是一种特殊的辐射体，它对所有波长电磁辐射的吸收比恒为 1。黑体在自然条件下并不存在，它只是一种理想化模型，但可用人工制作接近于黑体的模拟物。即在一封闭空腔壁上开一小孔，任何波长的光穿过小孔进入空腔后，在空腔内壁反复反射，重新从小孔穿出的机会极小，即使有机会从小孔穿出，由于经历了多次反射而损失了大部分能量。对空腔外的观察者而言，小孔对任何波长电磁辐射的吸收比都接近于 1，故可看作是黑体。

在低温情况下，物体所发出的光的波长很大，在 3 000 K 时，黑体的辐射频率还不可能包含所有的可见光频率，而只有低频部分的可见光及红外线部分。所以，一个黑体也好，一般的物体也好，在常温下，它通常不可能发出频率很高的可见光，而只能发出频率很低的红外线。随着温度升高到一定数值，物体发出的光的频率也随之增大，不过开始我们可以见到的只是红光。这一点与我们的生活经验是相符合的。温度继续升高，物体的发光频率也不断升高，最后包含甚至超过了可见光的频率。

3. 辐射系数

自然界中存在的实际物体，几乎都不是黑体，所有实际物体的辐射量除取决于辐射波长及物体的温度之外，还与构成物体的材料种类、制备方法、热过程，以及表面状态和环境条件等因素有关。因此，为使黑体辐射定律适用于所有实际物体，必须引入一个与材料性质及表面状态有关的比例系数，即辐射系数。

该系数表示实际物体的热辐射与黑体辐射的接近程度，其值在 0 和小于 1 的数值之间。根据辐射定律，只要知道了材料的发射率，就知道了任何物体的红外线辐射特性。

影响发射率的主要因素有：材料种类、表面粗糙度、理化结构和材料厚度等。常见物体辐射系数如表 3.1 所示。

表 3.1　常见物体辐射系数

材质	温度/℃	辐射系数
铸铁	50	0.81
未加工的铸铁	100	0.87～0.95
表面生锈的铸铁	100	0.61～0.85
表面粗糙的钢	50	0.95～0.98
表面生锈的钢	50	0.69～0.85
石灰棉	20	0.4～0.6
煤烟	20～100	0.95～0.98
黑上光漆	40～100	0.87
无光黑漆	40～100	0.96～0.98

由表 3.1 可见，运用中的轴箱，大部分的辐射系数在 0.85～0.95 之间。另外，红外线辐射在大气中传播，也会有损失，主要是水汽的吸收。

4. 红外线光谱

红外线是太阳光线中众多不可见光线中的一种，由英国科学家霍胥尔于 1800 年发现，又称为红外线热辐射。

太阳光谱上红外线的波长大于可见光线，波长为 0.75～1 000 μm。红外线可分为三部分，即近红外线，波长为 0.75～1.5 μm；中红外线，波长为 1.5～6 μm；远红外线，波长为 6～1 000 μm。红外线在电磁波谱的位置如图 3.11 所示。

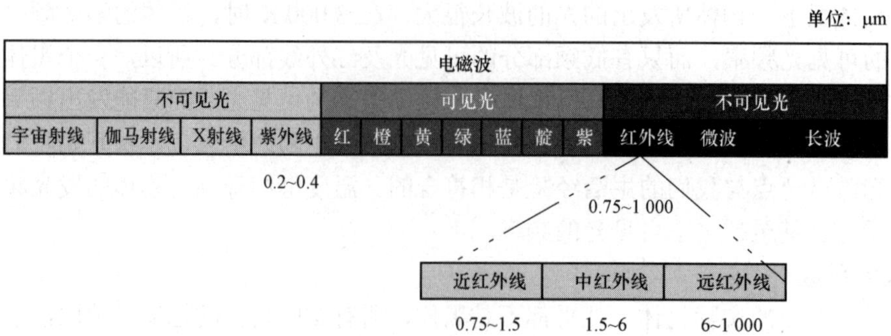

图 3.11　红外线在电磁波谱的位置

5. 红外线测温原理

1）红外线探测器

通过对物体自身辐射的红外线能量的测量，便能准确地测定它的表面温度，这就是红外线辐射测温所依据的基础。

物体在向外辐射能量的同时，还吸收从其他物体辐射来的能量。物体辐射或吸收的能量与它的温度、表面积、黑度等因素有关。

红外线探测器是对红外线辐射敏感的器件，其作用是把红外线辐射的能量转变为电能。

目前各红外线辐射测温仪在测量目标的温度时，首先要测量出目标在其波段范围内的红外线辐射量，然后由控制单元计算被测目标的温度。

红外线测温系统一般由光学系统、光电探测器、信号放大器，以及信号处理、控制、显示输出等部分组成。光学系统汇聚其视场内的目标红外线辐射能量，视场的大小由测温仪的光学零件及其位置确定。红外线能量聚焦在光电探测器上并转变为相应的电信号。该信号经过放大器和信号处理电路，最后经计算处理为被测目标的温度。

红外线探测器可分为光子探测器与热敏探测器两大类。

2）光子探测器

光子探测器是基于光子与物质相互作用所引起的光电效应为原理的一类探测器，包括光电子发射探测器和半导体光电探测器，其特点是探测灵敏度高、响应速度快、对波长的探测选择性敏感。但光子探测器一般工作在较低的环境温度下，需要制冷器件。

目前车辆轴温光子探测器（光子探头）为光电导型红外线探测器，其使用的半导体材料为碲镉汞（HgCdTe）。当红外线辐射照射到光子探测器敏感元件表面上时，碲镉汞材料中有的电子和空穴在光子能量作用下从原来不导电的束缚状态变为导电的自由状态，使敏感元件的导电率增加、电阻值减小。该元件使用时需加偏压和制冷。

3）热敏探测器

热敏元件主要是由金属氧化物按一定配比烧结而成。我国常见的热敏元件是由锰、钴、镍的氧化物构成，时间常数为 2～3 ms，是一种广谱器件，在波长范围内，具有相同的探测率。

当红外线辐射照射在热敏电阻上时，其温度升高，内部粒子无规则运动加剧，自由电子的数目随温度的升高而增加，所以其电阻减小。

热敏电阻的阻值与温度的关系为：

$$R(T)=AT^{-C}\mathrm{e}^{D/T}$$

式中：R——电阻值；T——温度；A、C、D——随材料而异的常数。

直流热敏探头使用的红外线探测器为热敏电阻红外线探测器，该探测器的热敏电阻制成薄片形，由 2 个特性相同的热敏电阻相串联，一片为探测片，另一片为补偿片。当 2 片热敏元件接受的热辐射相同时，2 片热敏电阻阻值相同，红外线探测器无信号输出；当探测片接受的热辐射大于补偿片时，红外线探测器有信号输出。热敏红外探测器结构如图 3.12 所示。

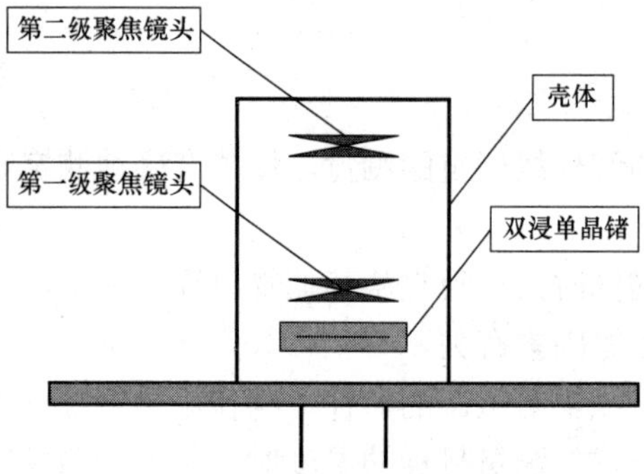

图 3.12 热敏红外探测器结构

任务 3.2 THDS 热轴判别与现场处理

任务描述

通过实习或模拟实训进行 THDS 值班员岗位实践，完成 THDS 热轴判别与现场处理训练。

1. 环境与设备

THDS 中心或大型实训中心。

2. 项目形式

跟岗实习或实训。

3. 注意事项

正确使用劳动保护用品，严格遵守安全规程，严格遵守实训场地各项规定。

4. 学习成果

工作任务单、多媒体汇报材料等。

学习资料

3.2.1 THDS 值班员作业流程与标准

1. 作业前准备

（1）车辆段 THDS 复示站值班员在班前应充分休息，不得饮酒，确保精力充沛，精神状态良好。

（2）接班段 THDS 复示站值班员参加班前点名会，听取上级文件、命令传达，听取值班干部（或工长）布置当日主要工作任务，了解管内设备施工、停电、动态检测、专列通过、停止作业等情况，掌握工作重点。

2. 接班

（1）接班值班员提前 10 min 到达车辆段 THDS 复示站，整理着装，穿路服或段配发的工装，携带有效上岗证件。

（2）交、接班人员应共同观察设备工作状态，确认正常。

（3）交、接班人员共同检查台账（包括电子台账），应填写及时、齐全并确认台账余量足够。

（4）交班人员向接班人员详细说明管内红外设备运行情况，包括未恢复的设备故障、热轴预报、各类电报、通知、文件等信息的处理、反馈情况等，说明本班未完成需移交到下一班的工作及其他重点注意事项等内容。

（5）交、接班人员置换“铁路岗位培训合格证”。

3. 检查

（1）当班值班员应向上一班值班员了解是否出现设备异常，若出现异常应通知检修人员前来修理。值班员应将设备运行状况记录到《5T联网系统设备点检记录簿》上。

（2）检查复示站终端设备。

① 值班员检查设备运行状态：直观检查复示站主机外观整洁；风扇运转正常、无积尘、无异响；指示灯无异常显示及报警。异常时通知5T检测车间维修工进行处理。

② 值班员检查外设：鼠标、键盘工作正常；显示器显示正常；打印机字迹清晰，走纸正常。异常时通知5T检测车间维修工进行处理。

③ 值班员对语音记录仪进行测试，能正常录音和播放。异常时通知5T检测车间维修工进行处理。

④ 值班员用鼠标双击桌面上的“我的电脑”，查看各磁盘可用空间均大于总大小的20%。异常时通知5T检测车间维修工进行处理。

⑤ 值班员查看网络通信状态，网络连接正常，未提示复示站通信中断故障信息。通信中断时通知5T检测车间维修工进行处理。

⑥ 值班员检查复示设备系统工作正常，使用防病毒软件，查看病毒库日期，应距当日不超过规定天数。超过时通知工长检查病毒库，有更新时进行更新。

⑦ 值班员将复示站终端设备检查情况记录到《5T联网系统设备点检记录簿》上。

（3）检查应用软件状态。

① 值班员直观检查复示站程序可以正常打开运行，运行期间无错误提示。出现错误时通知5T检测车间维修工进行处理。

② 值班员查看软件版本号，是否有改变。有变化时通知5T检测车间维修工进行处理。

③ 值班员将检查结果记录到《5T联网系统设备点检记录簿》上。

（4）报文分析。

① 值班员单击复示站程序主界面的“过车数据”按钮，弹出“探测站列车数据”窗口，在窗口左侧显示探测站名，右侧显示该探测站列车报文。双击列车报文，在“数据分析”窗口中查看波形表，对每个探测站当前列车数据中的波形进行分析，检查波形是否正常，不正常时进行故障及异常处理。

② 值班员在数据分析中查看轴距表和车辆表。

③ 值班员将报文分析情况记录到《5T联网系统设备点检记录簿》上。

4. 监控设备状态

1）实时监控

（1）在“THDS 红外线轴温监测系统复示终端”（简称 THDS 复示站主界面，如图 3.13 所示）界面值机作业。主界面上部的网络图实时监控设备状态和通道状态；下部的“过车数据”窗口实时显示各探测站通过的列车，可以直观地掌握较近时间内各探测站的过车情况。值机作业中不得人为退出或关闭 THDS 红外线轴温监测系统。

① 设备状态：图标代表各探测站、段复示终端、局监测站主机等设备。

② 通道状态：网络图的连线代表通道状态，绿色代表通道处于正常通信状态，红色则代表通道通信中断。

③ 过车数据：THDS 接车后，在“过车数据”窗口最下面一行增加该列车的探测信息。若通过列车中有热轴车，该车信息会用红色字显示，并注明热级。拖动右侧的滚动条可以对近期数据进行查找。

④ 在岗确认：系统每半小时自动弹出“值班员在岗确认”提示框，值班员须在 300 s 内，使用鼠标左键单击“确认”按钮，进行在岗信息确认。

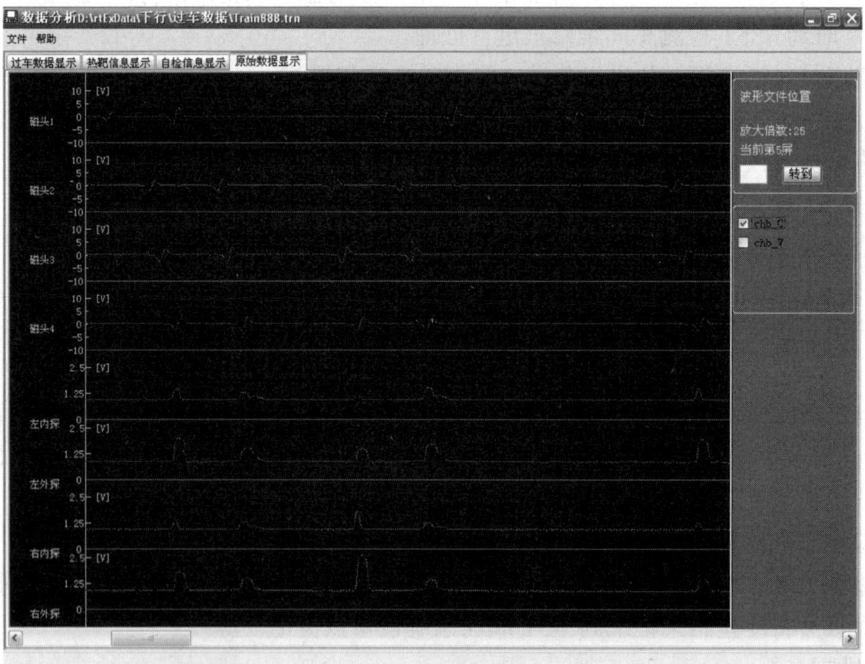

图 3.13 THDS 红外线轴温监测系统复示终端

（2）值班员实时监控过程中，系统提示故障报警时，须立即查看故障设备自检信息、列车报文、网络通信情况。有异常时，进行故障及异常处理。

2）大列跟踪

（1）值班员查询和跟踪所复示线路上行一列直通货车列车进入管区第一个探测站至编组站探测信息（如当班时间内无达到条件的列车，可跟踪多列货物列车，覆盖线路上每一个探测站）。用前述报文分析方法调阅该区段各探测站通过该列车的报文数据，从中核实各探测站的编组辆数、轴数一致，对轴距、均值、背温和波形进行分析对比，发现异常情况进行故障及异常处理。调阅的同时将时间、编组、环温、轴距、均值、背温、最大值信息记录到《红外线轴温监测中心大列跟踪记录簿》上。

（2）采用同样方法查询和跟踪所复示线路下行一列直通货车列车进入管区第一个探测站至编组站探测信息，并将数据记录到《红外线轴温监测中心大列跟踪记录簿》上。

3）设备状态确认

值班员每 2 h 对管内红外线探测设备各个方向的接车数据调阅一次，查看以下内容是否正常：大列轴温数据、自检信息、热轴报警、左右侧均值、车辆表、轴距表、板环温信息、典型波形、车号信息等。调阅时将列车通过时间、编组、环温、尾部车辆最大温升、最大值温度及轴位信息记录到《红外探测站设备状态确认记录簿》上。

5. 交班

（1）调阅所辖探测站上下行最近一列货物列车轴距表、典型波形，确认设备状态应正常。

（2）与局监测站核对 THDS 设备故障情况、热轴预报情况、区间探测数据，应与局监测站一致，不一致时报告信息技术科 THDS 专职。

（3）对本班红外线探测情况进行汇总，夜班值班员填写《红外线轴温探测安全日报》，整理打印机纸带。

（4）对计算机、鼠标、键盘、打印机等设备进行清扫、擦拭。

（5）向接班人员详细说明管内红外设备运行情况，包括未恢复的设备故障、热轴预报、各类电报、通知、文件等信息的处理、反馈情况。

（6）交、接班人员共同检查确认打印机状态及打印纸余量、台账（包括电子台账）填写及台账余量、设备及环境卫生整洁。

（7）与接班人员共同确认复示设备工作状态，共同在《THDS 值班员交接班记录簿》上签字。

（8）交、接班人员置换“铁路岗位培训合格证”。

6. 台账填写相关要求

（1）相关台账记录的填写内容必须保持一致，不允许出现任何相互抵触的情况。

（2）凡任何当班中没有进行完的工作，以及其他必须说明的问题，须在交班时向接班人员说明，并在相应的台账中加以记载。

（3）所有需要文字说明的栏目，包括备注栏，在表达内容准确的基础上，文字填写尽可能做到简明扼要和规范，禁止草书、连笔。

（4）错填的可以用红笔画杠后另行重填，严禁随意涂改和销毁。自动生成的台账记录严禁随意修改和删除。

（5）时间一律按 24 小时制填写。

3.2.2 热轴判别与模式判别标准

相关术语定义：

绝对温度：设备采集到的车辆轴承温度。

背景温度：设备采集到的车辆底架温度。

温　　升：绝对温度与背景温度的差值。

箱　　温：设备采集到的室外探头箱内的温度。

环　　温：设备采集到的室外环境的温度。

均　　值：列车同一侧轴温温升的平均值。

红外线调度员（值班员）要依据预报标准对照热轴报文、波形进行分析，按热轴等级和规定的预报内容进行热轴预报。热轴预报主要内容：时间、探测站名称、方向、列车编组、热轴车位、车号、左/右侧、轴位、热轴等级等。

货车热轴预报标准分为微热、强热、激热三级，微热按多级设置。热轴预报标准如下：

① 激热立即拦停。

② 强热在 THDS 探测站所在车站（通过列车在前方车站）停车。

③ 微热跟踪，微热热级提升或连续 4 站微热在 THDS 探测站所在车站（通过列车在前方车站）停车。

列车调度员接到激热预报后，CTC 无人值守站由列车调度员立即通知机车乘务员就地停车，其他车站由列车调度员安排车站值班员立即呼叫机车乘务员就地停车；机车乘务员接到激热停车命令后，采用常用制动停车。

列车在区间停车时，由机车乘务员根据接到的激热车辆编组位置和轴位信息，按下述要求对轴承外观进行检查。

（1）当检查发现切轴、轴承变形、轴头垮塌、滚子外露或丢失、外圈存在新圆周磨痕等严重危及行车安全的异状时，应及时将检查情况报告车站值班员并转报列车调度员，由列车调度员根据检查情况安排处置：切轴时启动铁路交通事故应急预案，其余轴承故障时及时安排启用救援设备，并通知路局集团公司车辆调度安排列检人员现场换轮。

（2）当检查发现轴承变色（变蓝或变红）、冒烟、外圈破损、前盖丢失或变形、密封罩脱出等异状时，应及时将检查情况报告车站值班员并转报列车调度员，由列车调度员发布调度命令，限速不超过 15 km/h 前进或后退至就近车站，运行过程中机车乘务员每间隔 3 km 应停车对轴承状态复查，复查发现轴承变形、轴头垮塌、滚子外露或丢失、外圈存在新圆周磨痕等严重危及行车安全的异状时，应及时将检查情况报告车站值班员并转报列车调度员，由列车调度员及时安排启用救援设备，并通知路局集团公司车辆调度安排列检人员现场换轮。

（3）当检查确认轴承外观无异状，可以继续运行时，应及时将检查情况报告车站值班员并转报列车调度员，由列车调度员发布调度命令，限速不超过 25 km/h 就近运行到前方车站或限速不超过 15 km/h 退行至后方车站，甩车处理。

铁路货车运用维修规程规定：THDS 货车激热区间停车时，当检查发现变色（变蓝或变红）、冒烟、外圈破损或变形、前盖丢失或变形、外圈存在新圆周磨痕、密封罩脱出等异状时，启动区间激热拦停应急处置预案。

客车热轴预报标准分为微热、强热、激热三级。客车分为本局担当值乘的客车和外局担当值乘的客车进行处置，热轴预报处置标准如下：

（1）激热立即停车。

（2）强热通知车辆乘务员处理。

（3）微热按多级设置，预报微热时跟踪，如果微热升级时按强热对待。

3.2.3 模式判别

1. 绝对温度预报的前提

（1）左右两个箱温差值小于 20 ℃。

（2）背景温度与箱温差值小于 20 ℃。

（3）保护门 A/D 值与天空 A/D 值相差大于 16（约 1 ℃）。

该三条前提任意一条不满足时，都不进行绝对温度预报。

货车取前五大值参与预报，客车取前两大值参与预报。每侧最多综合预报 2 个热轴，当全列预报热轴数超过 4 个时，只保留 4 个级别最高的热轴；当级别相同时，保留 4 个温度高的热轴。

2. 绝对温度计算方法

绝对温度=相对温升+背景温度

3. 热判模型举例

模型 1、2 为客车模型。

1）模型 1

描述：客车第二种模型/客车绝对温度热判模型。

方法：

相对温升≥77 ℃，则预报激热。

相对温升≥71 ℃，则预报强热。

相对温升≥53 ℃，则预报微热。

满足绝对温度预报的前提下：

绝对温度值≥93 ℃，则预报激热。

绝对温度值≥88 ℃，则预报强热。

2）模型 2

描述：客车检测车热判模型。

方法：

绝对温度值≥75 ℃，则预报激热。

绝对温度值≥65 ℃，则预报强热。

绝对温度值≥55 ℃，则预报微热。

相对温升＞65 ℃，则预报激热。

相对温升＞55 ℃且预报级别＜4，则预报强热。

相对温升＞40 ℃且预报级别＜3，则预报微热。

3.2.4 THDS 预报客车疑似抱闸判别模型

THDS 统型机及内探式光子探头的 THDS 设备，须具备踏面制动客车（含装用踏面清扫器的客车）疑似抱闸自动报警功能，路局集团公司车辆运行安全监测站的 THDS 中心软件按以下条件对客车疑似抱闸进行判别。

1. 新造、厂修、段修、临修换轮后首次挂用的客车

（1）同一轮对左右内探均预报微热时。

（2）同一转向架的 3 个内探温升均高于 35 ℃且该辆车 8 个内探温升均值比本列其他所有车辆内探温升均值高 25 ℃时。

（3）同一辆车 4 个及以上内探温升均高于 35 ℃且该辆车 8 个内探温升均值比本列其他所有车辆内探温升均值高 25 ℃时。

2. 非首次挂用的客车

（1）同一轮对左右内探均预报微热时。

（2）同一转向架的 3 个内探温升均高于 30 ℃且该辆车 8 个内探温升均值比本列其他所有车辆内探温升均值高 20 ℃时。

（3）同一辆车 4 个及以上内探温升均高于 30 ℃且该辆车 8 个内探温升均值比本列其他所有车辆内探温升均值高 20 ℃时。

任务 3.3　THDS 设备检修作业

任务描述

通过实习或模拟实训进行 THDS 设备检修作业实践。

1. 环境与设备

THDS 探测站或大型实训中心。

2. 项目形式

跟岗实习或实训。

3. 注意事项

正确使用劳动保护用品，严格遵守铁路企业安全规程，严格遵守实训场地各项规定。

4. 学习成果

工作任务单、多媒体汇报材料等。

5. 作业流程

序号	检修步骤	质量标准	作业流程及方法
1	到达探测站	检修人员共 3 人，按个人能力定岗，①号为主修人，②号为辅修人，③号为安全监护人	到达探测站后： ①号主修人和③号安全监护人首先检查探测站建筑、环温箱及轨边探测箱、穿线管等是否完好。 ②号辅修人开启探测站门后，眼观室内运行设备、室内装修、门窗状态，而后进入室内通过眼观、耳听、鼻闻监测设备运行状态。查看灭火器压力是否正常，是否在有效期内

续表

序号	检修步骤	质量标准	作业流程及方法
2	检修报点	（1）全体检修人员都必须身穿防护服进行检修作业	③号安全监护人责成全体检修人员穿好防护服，并取出防护喇叭佩戴在身
		（2）报点内容：检修探测站名称、修程、参加人员及时间	①号主修人向红外线监测中心报点，同时向工队复示值班员报点。 ②号辅修人在检修记录簿上记录报点内容
		（3）准备检修记录簿，准备记录	②号辅修人在检修记录簿上记录，要求字迹工整清晰
3	室内检修	（1）准备工具：万用表、试电笔、小毛刷、小一字螺丝刀等。万用表蜂鸣档校验万用表正常。 ②号辅修人协助①号主修人清点工具并做好记录。 ③号安全监护人监视①号主修人的检修作业，发现违规操作时及时制止其检修过程，防止不安全行为发生	①号主修人检查工具是否齐备完好，清点检查完好后，向③号安全监护人报告工具清点情况，请求开始检修作业。 ①号主修人观察工控机、远程管理机、控制箱、车号箱、光纤收发器各指示灯闪烁是否正常。 ②号辅修人协助①号主修人观察并做好记录。 ③号安全监护人密切监视①号主修人的检修作业行为是否安全规范
		（2）工控机、远程管理机、控制箱、防雷箱插头插座良好，箱体清洁，风扇滤网无灰尘	①号主修人手动检查机箱后各种插头插座连接是否良好，用毛刷或手风器清洁箱体及风扇滤网
		（3）将温度计放置在室外环温箱内 10 min 后取下，读取示值	②号辅修人把温度计放在室外环温箱内，用毛刷清洁环温传感器，并填写账卡
		（4）分析一列车的静态数据，观察轴温波形，每个波形都采集到轴箱后侧壁温度最高点和车底，低速、高速直通车轴温波形最大值与标准波形最大值的偏差在 ±3 格以内	①号主修人查看一列车的静态数据，读出最高速、最低速、左右板温、环温 ②号辅修人将①号主修人查看一列车的静态数据复述并记录在检修记录簿上
		（5）天空值晴天时为 −2 V 左右，探头左右侧天空值不相差 0.5 V。如左右侧相差较大，可能是探头视场被挡或探头响应率下降等原因	①号主修人读出一列车左右侧探头天空值。 ②号辅修人将一列车左右侧探头天空值复述并在检修记录簿上记录
		（6）查看轴距表，车型 C_{64} 或 C_{64K} 的轴距 1.75 m，台车距 7.05 m，钩挡距 3.05 m；车型 C_{70} 的轴距 1.95 m，台车距 7.45 m，钩挡距 2.75 m	①号主修人读出一列车的轴距信息，检查车号数据正常。 ②号辅修人将一列车的轴距信息复述并记录在检修记录簿上
		（7）万用表测量控制箱前面板检测端的电源电压 +5 V±0.2 V，+12 V±0.2 V， −12 V±0.2 V，+30 V±0.5 V。 稳压器输出电压为 220 V，允许范围 176～253 V	①号主修人用万用表直流 20 V 档测 +5 V、+12 V、−12 V，用万用表直流 200 V 档测+30 V。 ②号辅修人将检测的电压值复述并记录在检修记录簿上

续表

<table>
<tr><th>序号</th><th>检修步骤</th><th>质量标准</th><th>作业流程及方法</th></tr>
<tr><td rowspan="4">3</td><td rowspan="4">室内检修</td><td>（8）万用表测量控制箱前面板检测端的磁钢阻值（方磁钢）。
1#磁钢为 200 Ω左右，2#、3#磁钢为 300 Ω左右</td><td>①号主修人用万用表 2 kΩ档测磁钢阻值。
②号辅修人将检测的磁钢阻值复述并记录在检修记录簿上</td></tr>
<tr><td>（9）万用表测量控制箱前面板检测端左右侧探头漂移：万用表测量控制箱前面板检测 200 mV，超标换修。探头噪声观察计算机显示区</td><td>①号主修人用万用表直流 200 mV 档测探头漂移电压指 5 min 时用万用表示值减去控制箱开关从“校零”转化为“保持”时的示值。
②号铺修人将探头漂移电压值复述并记录在检修记录簿上</td></tr>
<tr><td>（10）万用表测量控制箱前面板检测端板环温电压，与实际温度误差≤1 ℃</td><td>①号主修人用万用表直流 20 V 档测控制箱前面板检测端。
②号辅修人取回放入环温箱的温度计，计算其误差，将板环温数值复述并记录在检修记录簿上</td></tr>
<tr><td>（11）试电笔检查机壳不带电，地线连接牢固，连接处良好</td><td>①号主修人用试电笔检查。
②号辅修人将结果记录在检修记录簿上</td></tr>
<tr><td rowspan="3">4</td><td rowspan="3">室外检修</td><td>（1）上线前③号安全监护人进行安全防护，禁止参与检修作业。
①号主修人和②号辅修人准备工具：抹布、14 mm 呆扳手、磁钢卡尺、盒尺、手风器、激光器、丁字扳手、薄膜、润滑油、小铁锹、毛刷等</td><td>上线前③号安全监护人站在卡轨器距来车方向 15 m 远处观察来车动向，提前吹警示喇叭，有权制止不规范的检修过程</td></tr>
<tr><td>（2）卡轨器两侧与轨枕间距大于 10 mm。用磁钢标尺检查磁钢平面与轨平面高度：（37±2）mm，60 kg/m 钢轨；（45±2）mm，75 kg/m 钢轨；2# 与 3# 磁钢中心距离 250 mm，1#与 2#磁钢中心距离 50 m，磁钢外沿与轨内侧距离（76±2）mm</td><td>②号辅修人清洁卡轨器四周，应无杂物，不挡探头视场。清洁磁钢、支架，检查护管、电缆无损伤。螺栓、螺母油润，无锈蚀。用磁钢标尺、盒尺检查磁钢与钢轨的距离，并检查 1#磁钢。
①号主修人检查卡轨器机械活动部位，用手风器清洁卡轨器内部卫生，检查挡板顶丝、大门开口销状态，检查大门、挡板电缆接头及板温插头有无氧化。
②号辅修人统一收回卡轨器检修记录簿，填写后放到位</td></tr>
<tr><td>（3）手动做系统实验，保护门和挡板能够完全打开和关闭，无异物遮挡探头视场，开关过程无阻滞</td><td>②号辅修人敲 1#磁钢。
①号主修人观察左右卡轨器开大门关挡板；敲 2#磁钢，使控制箱校零闭环，保持开挡板；敲 3#磁钢延时 5～15 s 后关挡板，再延时 20～35 s 后关大门</td></tr>
<tr><td>5</td><td>探头标定</td><td>（1）校准探头扫描点，用激光瞄准器和模拟轴箱架校准</td><td>②号辅修人把校准架放在右侧卡轨器前端。
①号主修人把激光器装在探头上。
②号辅修人平移校准架，观察激光器扫描点，激光扫描器光点从内探模拟轴箱架前靶中心穿过，打在后靶中心。在钢轨上左右画标线。更换校准架，校对左侧（遇到卡轨器不对称，按此方法调整左侧卡轨器）。校准完毕后锁死探头校准螺丝</td></tr>
</table>

续表

序号	检修步骤	质量标准	作业流程及方法
5	探头标定	（2）标定（黑体加热温度） 环温（*T*）≤20 ℃时： *T*+40 ℃，测温误差≤±2 ℃； *T*+70 ℃，测温误差≤±2 ℃。 环温（*T*）>20 ℃时： *T*+40 ℃，测温误差≤±2 ℃； 90 ℃，测温误差≤±2 ℃。 如标出的黑体温度与设定温度相差较大，须做系统标定，再做探头标定	②号辅修人连接黑体数据线、电源线。 ①号主修人在室内控制箱测试环温，并启动标定程序。 ②号辅修人根据①号主修人在室内控制箱测试环温值设温 ①号主修人在标定程序上设好温度，待黑体达到设定温度（采用扣标方式，测得温度减去2 ℃与设定温度误差≤±2 ℃）；单击“开始标定”并手动开大门。 ②号辅修人敲2#磁钢开挡板，黑体辐射源窗口对准卡轨器扫描口成45°角1～2 s后扣下，延时2 s，再对另一侧探头按此方法进行扣标，完毕后敲3#磁钢关挡板关大门。 ①号主修人在室内发现控制箱“挡板”灯亮后，把“探测”开关恢复到“自动”位，先单击“结束标定”再单击“计算温度”，标出温度在范围内单击“结果存盘”。 ②号辅修人填写检修记录簿。 ①号主修人检查②号辅修人填写的检修记录簿
6	检修结束	（1）检修结束，收回检修工具	②号辅修人收回室外检修工具，清点、擦净、摆放整齐，清扫室内卫生
		（2）再次检查确认室内设备工作正常	①号主修人检查各指示灯闪烁正常，接车程序和传输软件工作正常
		（3）再次检查轨边设备整体状况	③号安全监护人检查轨边有无丢落工具，检查设备整体状况良好
		（4）检修销点	①号主修人销点并与监测中心值班员确认设备正常。 ②号辅修人记录，并将防护服、防护喇叭归放原位。 ③号安全监护人锁门

项目检验与评价

填写工作任务单，指导教师进行评价。

工作任务单（仅作参考）

No.

<table>
<tr><td colspan="6">任务分派流程</td></tr>
<tr><td>派单人</td><td></td><td>所属部门</td><td></td><td>派单时间</td><td></td></tr>
<tr><td>任务名称</td><td colspan="3"></td><td>完成时限</td><td></td></tr>
<tr><td>任务执行人</td><td></td><td>接单人签字</td><td colspan="3"></td></tr>
<tr><td colspan="6">完成标准/要求：</td></tr>
<tr><td colspan="6">任务完成情况（说明工作步骤、工具使用情况、具体工作内容、实验或实训数据）：</td></tr>
<tr><td colspan="6">结果确认流程</td></tr>
<tr><td rowspan="2">实训场地管理人员</td><td colspan="3">成绩评定：</td><td colspan="2" rowspan="2">签字：</td></tr>
<tr><td colspan="3">存在问题：</td></tr>
<tr><td rowspan="2">派单人</td><td colspan="3">成绩评定：</td><td colspan="2" rowspan="2">签字：</td></tr>
<tr><td colspan="3">存在问题：</td></tr>
</table>

项目 4

车辆滚动轴承故障轨边声学诊断系统

项目描述

随着铁路建设的跨越式发展，铁路货车车辆的更新换代日新月异，高速重载战略的实施，对车辆检修质量和车辆配件提出了更高要求，滚动轴承作为铁路车辆的最主要部件之一，其性能好坏直接关系到行车安全。车辆滚动轴承既是转动件，也是承载件，承受力的方向和大小会随时发生变化，所以对其性能、强度、质量都有较高的要求。

对轴承进行检查和检测可以采用车载轴温报警装置、人工定期检查及动态检测的手段。车载轴温报警装置主要监控轴承晚期故障，一旦出现轴温报警必须立即停车检查，否则严重时影响行车秩序，造成巨大社会影响。定期人工检查无法及时监测轴承故障，而且受人的主观因素影响，容易出现故障漏检、漏判。车辆滚动轴承故障轨边声学诊断能够进行车辆滚动轴承早期故障检测和诊断，有效预防滚动轴承事故的发生，消除行车隐患。本项目通过理论结合实践，进行车辆滚动轴承故障轨边声学诊断相关学习和实践演练。

学习目标

1. 认识 TADS 地面探测站的主要设备，了解其功用
2. 掌握 TADS 工作原理、功能，了解其主要技术指标
3. 能完成 TADS 基本作业
4. 能开展 TADS 设备日常检修作业

任务 4.1　TADS 地面探测站认知

任务描述

通过学习掌握 TADS 地面探测站的主要设备组成，通过认知训练熟悉 TADS 地面探测站设备，了解其基本工作原理。

1. 环境与设备

TADS 地面探测站。

2. 项目形式

现场教学，“教、学、做”一体化。

3. 注意事项

严格遵守铁路企业安全规程。

4. 学习成果

工作任务单、多媒体汇报材料等。

学习资料

TADS 采用声学诊断技术和计算机网络技术，利用轨边噪声采集阵列，通过对运行车辆滚动轴承噪声信号的采集和分析，识别轴承的工作状态，可提供有效的轴承内部早期故障诊断结果，及早发现轴承早期故障。重点检测车辆滚动轴承内外圈滚道、滚子等故障，防范切轴事故。与 THDS 相结合，能更加有效地防止切轴和脱轨事故，提高轴承故障的防范水平，是列检对滚动轴承的检查，从人判为主逐步过渡到人机结合、机判为主的阶段。TADS 增强了轴承的预警能力，将防范关口前移，体现了“预防为主”的安全指导思想，使行车安全性更高，从而确保行车安全，提高铁路运输的效率和服务水平，增强市场竞争力。

TADS 主要由地面探测站、路局集团公司服务器、国铁集团服务器和复示终端组成。

其中 TADS 探测站轨边设备是诊断系统的核心，分为室内和室外两大部分。

4.1.1 室外部分

TADS 探测站的室外设备（如图 4.1 所示）主要包括保护箱（声学传感器阵列）、车轮传感器、AEI 地面天线及保护门传感器等设备。

图 4.1 室外设备

1. 声学传感器阵列

如图 4.2 所示，传感器阵列放置在一个特殊设计的保护箱内，箱内装有风扇和保护门，保护箱具有抗震、防水和防尘的功能，安装于钢轨两侧，每侧 6 个声学传感器，每个传感器指向性设计的有效区域为 1.2 m 作业，并且相互交叉，用于采集车辆轴承运转产生的声音信号。系统采用指向性设计，直接朝向轴承，具有很好的声学波瓣图，可有效减少其他噪声影响。

图 4.2　声学传感器阵列

根据车辆轴承的尺寸及运行机理，车轮旋转 2.5 周、轴承滚动体旋转 1 周的特点，对于轴承内部任何一个部位发生故障、产生缺陷时，都要全面、准确地拾取故障轴承所产生的振动声音。声学传感器位置示意如图 4.3 所示，声学传感器的指向区域大约在 6.5 m。

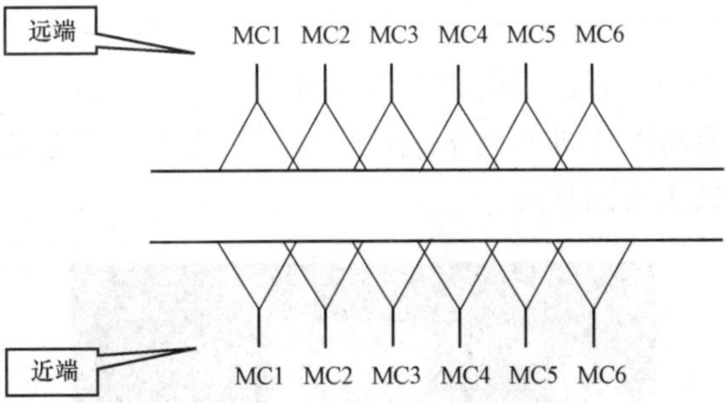

图 4.3　声学传感器位置示意图

若采用单独的声学传感器，在这么大的指向区域内保持接收信号灵敏度的一致性是不可能的，难以对轴承故障准确判别。因此，采用声学传感器阵列。

2. 车轮传感器（磁钢）

如图 4.4 所示，车轮传感器用卡具固定在钢轨上，当列车接近时，自动启动系统，用于车轮定位、计轴和测速等。

图 4.4　车轮传感器

3. AEI 地面天线

AEI 地面天线（如图 4.5 所示）发射微波载波信号，同时接收标签反射回来的已调制信号，包括 AEI 车轮传感器、分线箱和天线，主要是对通过列车的车次、车号、车速等车辆信息进行采集，给声学设备提供所需要的车辆信息。

图 4.5　AEI 地面天线

4. 保护门传感器

保护门传感器（如图 4.6 所示）对保护门开关进行控制。通常当没有列车通过时，保护门传感器使保护门处于关闭状态。当有列车通过时，保护门传感器打开保护门，使其处于打开状态，这时声学传感器将对通过的列车进行声音采集工作。列车通过后，保护门传感器将关闭保护门，使保护门处于关闭状态。

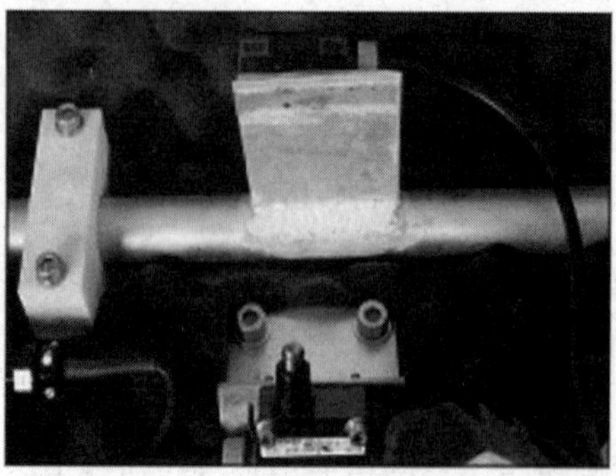

图 4.6　保护门传感器

4.1.2　室内部分

如图 4.7 所示，室内部分主要由机柜和 UPS 电源组成。机柜里有主处理计算机，远、近端信号采集处理计算机，电源信号分配箱等设备。

图 4.7　室内设备

1. 主处理计算机

如图 4.8 所示，主处理计算机（MA）与两台远、近端信号采集处理计算机协同同步工作，接收远、近端信号采集处理计算机采集的数据及 AEI 数据，并对判别的轴承故障数据进行综合判断分析，通过与 AEI 数据的结合，确定故障轴承的位置并存储数据，通过网络向上一级服务器发送采集到的过车数据。

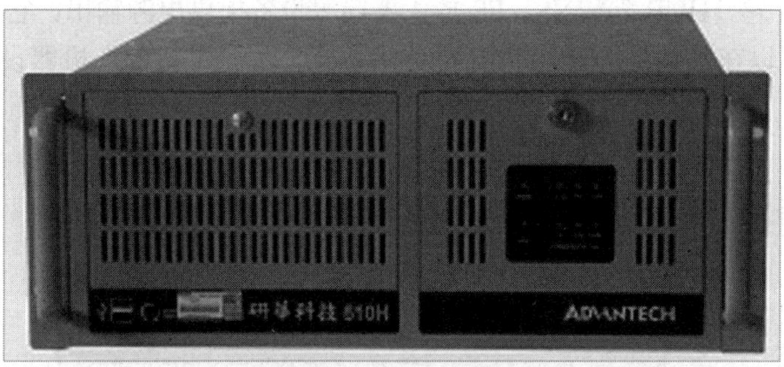

图 4.8　主处理计算机

2. 远、近端信号采集处理计算机

如图 4.9 所示，远、近端信号采集处理计算机（FS、NS）接收室外设备采集到的轴承声音信号，通过安装在计算机上的软件进行处理，完成轴承的诊断判别工作，并把处理后的数据传送给主处理计算机。远、近端信号采集处理计算机还可以对室外的声学传感器和声学车轮传感器进行检测。通过检测可以判断室外的声学传感器和声学车轮传感器的工作状况。

图 4.9　远、近端信号采集处理计算机

3. 电源信号分配箱

如图 4.10 所示，电源信号分配箱（SIPS 箱）是对各种信号提供接口电路的机箱，通过 SIPS 箱对室外设备进行控制信号分配，并且控制声学传感器阵列箱保护门开启或关闭，以及室外风扇的开、关。

图 4.10　电源信号分配箱

4. 远程电源控制箱

如图 4.11 所示，远程电源控制箱向车号地面 AEI 主机，探测站主计算机，NS、FS 数据采集计算机，SIPS 箱，HUB 箱，NS、FS 放大器箱等设备提供电源输出。它通过电话线与室内电话直接连接，可以在其他地方通过拨打电话的方式，远程控制各个机器设备的电源开或关。

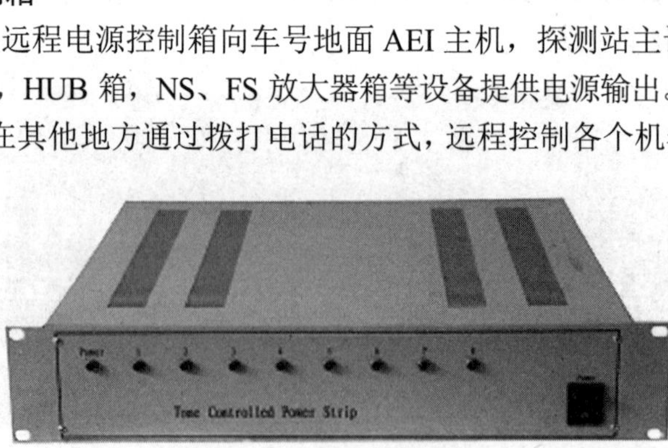

图 4.11　远程电源控制箱

5. HUB 箱

如图 4.12 所示，HUB 箱将主、从三台计算机联网，构成网络化连接，提高轨边设备综合处理数据的能力及数据的高速交换能力，并且提供向上传输数据的通道，同时为 KVM 转换器提供电源。

图 4.12　HUB 箱

6. KVM 转换器箱

如图 4.13 所示，KVM 是提供三台计算机的显示界面和控制操作的显示器，通过它可以方便地操作任意一台计算机，提供快捷方便的显示操作工作。

图 4.13　KVM 转换器箱

7. 远、近端放大器

如图 4.14 所示，放大器包括远、近端放大器组。每组 6 个通道，接收声学传感器阵列信号，并对室外声学传感器阵列信号进行滤波和高保真放大处理，是采集轴承声音的重要组成部分。

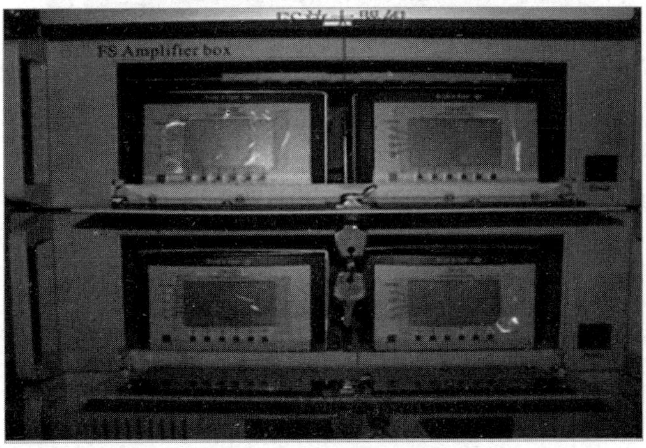

图 4.14　远、近端放大器

8. AEI 主机

如图 4.15 所示，AEI 主机主要是自动识别列车的车次、车号信息，计轴、计辆、测速，并将有关信息数据提供给 TADS 设备，完成对预报的故障轴承车号和轴位的自动定位。此外增加 TPIN 接口，利用磁钢信号打开保护门。

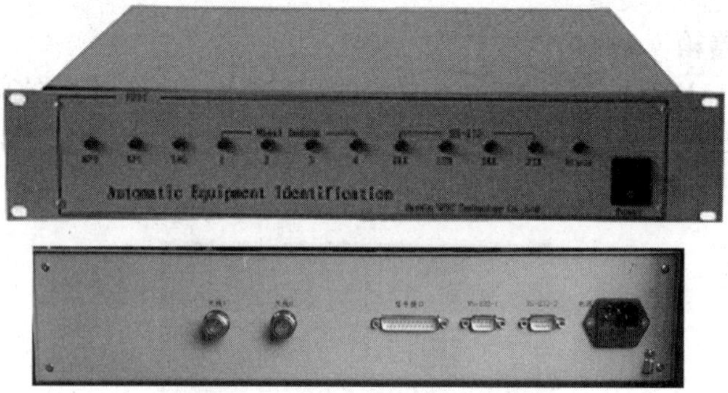

图 4.15　AEI 主机

9. 防雷箱

如图 4.16 所示，防雷箱是对除声学传感器外的各种传感器信号、通信信号、控制电源信号进行抗雷电冲击及抗浪涌保护的装置，是保证设备安全的必要设备，对防止设备遭受雷击起到很好的作用。

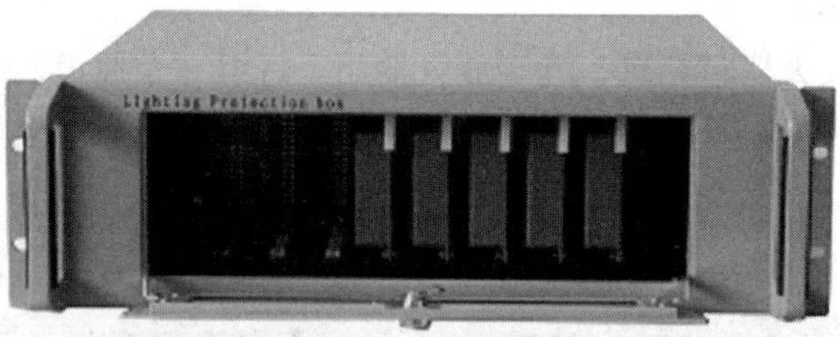

图 4.16　防雷箱

任务检验与评价

填写工作任务单，使用多媒体形式开展成果汇报。

工作任务单（仅作参考）

No.

<table>
<tr><td colspan="6">任务分派流程</td></tr>
<tr><td>派单人</td><td></td><td>所属部门</td><td></td><td>派单时间</td><td></td></tr>
<tr><td>任务名称</td><td colspan="3"></td><td>完成时限</td><td></td></tr>
<tr><td>任务执行人</td><td colspan="2"></td><td>接单人签字</td><td colspan="2"></td></tr>
<tr><td colspan="6">完成标准/要求：</td></tr>
<tr><td colspan="6">任务完成情况（说明工作步骤、工具使用情况、具体工作内容、实验或实训数据）：</td></tr>
<tr><td colspan="6">结果确认流程</td></tr>
<tr><td rowspan="2">实训场地管理人员</td><td colspan="3">成绩评定：</td><td colspan="2" rowspan="2">签字：</td></tr>
<tr><td colspan="3">存在问题：</td></tr>
<tr><td rowspan="2">派单人</td><td colspan="3">成绩评定：</td><td colspan="2" rowspan="2">签字：</td></tr>
<tr><td colspan="3">存在问题：</td></tr>
</table>

任务 4.2　TADS 动态检车员作业

任务描述

开展 TADS 动态检车员作业实践。

1. 环境与设备

TADS 检测中心。

2. 项目形式

实习。

3. 注意事项

严格遵守铁路企业安全规程。

4. 学习成果

工作任务单、多媒体汇报材料等。

学习资料

4.2.1　实践岗位简介

1. 岗位名称

货车滚动轴承早期故障轨边声学诊断系统动态检车员。

2. 作业目的和范围

严格落实规定的运用标准、预报处理程序、管理制度等标准，对货车滚动轴承早期故障进行诊断和预报，与红外线轴温探测系统结合，防止轴承故障恶化，为轴承检修工作提供相应的参考数据，进一步提高轴承事故防范能力。

3. 任职要求

（1）在现场检车员中选拔，须具有高中（中专）及以上文化程度，热爱本职工作，并具有良好的政治素质和职业道德。

（2）具备一定的计算机技术等相关知识，具有一定实践经验并掌握专业技术知识，工作责任心强，身体健康。

（3）熟悉货车轴承的结构及工作原理，熟练掌握车辆结构、车辆新知识、新技术。

（4）了解货车滚动轴承早期故障轨边声学诊断系统的基本工作原理，熟练操作、维护 TADS 复示终端。

（5）上岗前取得国铁集团颁发的“岗位培训合格证”和路局集团公司颁发的“上岗合格证”，上岗人员持双证上岗，定期参加学习考试。

4.2.2　场地简介

（1）动态检车组应设有单独的工作间和服务器机房，每进路工作间面积不小于 30 m^2，服务器机房不小于 10 m^2。工作间和服务器机房供电总功率不小于 8 kW，双路电源自动切换。客户端计算机与服务器所用 UPS 均设置在服务器机房内，UPS 功率满足要求，持续供电时间不少于 8 h。

（2）动态检车组工作间需装修，铺设防静电地板，配有空调设施，推荐配备带有隔断的电脑桌椅（相应的网络接口、电源接口等要到位）、铁路电话、市话直拨电话、与路局集团公司车辆运行安全监测站直通电话、语音记录仪、激光彩色打印机等。动态检车员要配备防护眼镜，室内放置相应的管理制度。

（3）服务器机房有良好的通风、取暖设施，密封防尘，保持室内温度 10～30 ℃，相对湿度小于 95%。防雷应符合国家对建筑物防雷的规定，系统设备必须采取防雷、防电油和安全接地措施，设独立地极一处，接地电阻小于 4 Ω，并设地线标志桩。

（4）动态检车组工作间清洁卫生，宽敞明亮，通风、隔音效果良好，所有设施、设备摆放固定。

4.2.3　操作流程

1. 登录

打开 TADS 复示终端，双击桌面 IE 图标，打开 IE 浏览器，进入“TADS 全路货车滚动轴承早期故障轨边声学诊断系统”登录界面，如图 4.17 所示，正确输入用户名及口令后，单击“登录”按钮，进入“TADS 全路货车滚动轴承早期故障轨边声学诊断系统”主界面。

图 4.17　TADS 登录界面

2. 日常监控

可以使用“实时监控”功能或“当日信息”中的“复示监控”功能。

1）实时监控

实时监控功能界面如图 4.18 所示。

绿色通道：显示最近通过的正常列车信息。

扣车报警：显示符合扣车标准的故障轴承信息，显示当日所有的扣车报警轴承和往日未确认过的报警轴承，显示扣车报警轴承的确认和检查情况。

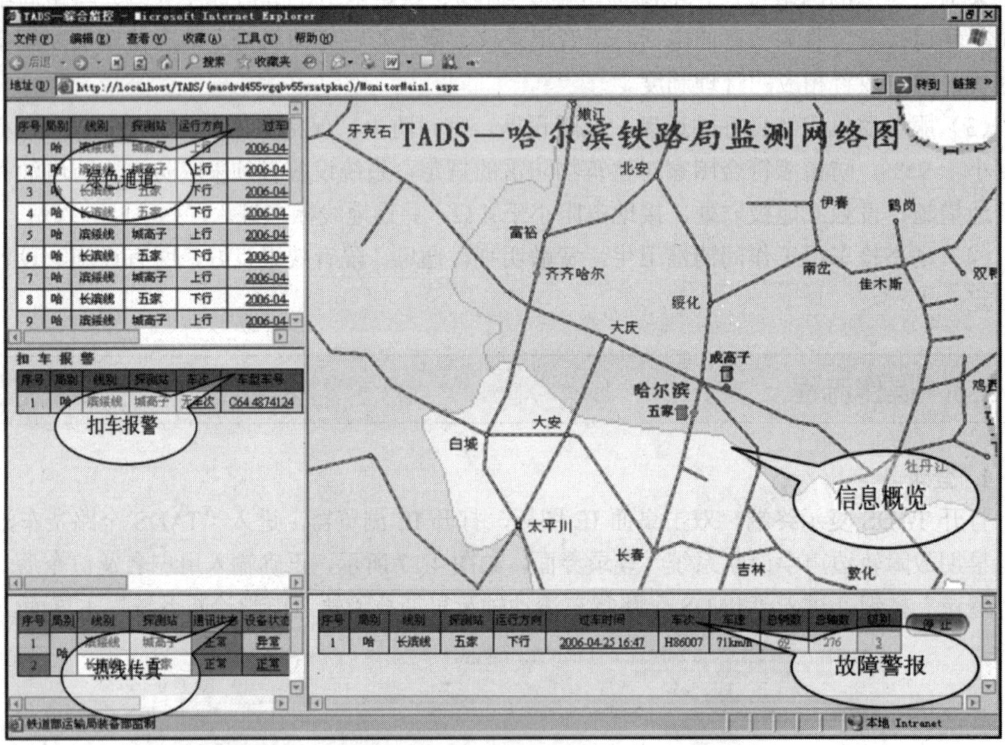

图 4.18　实时监控功能界面

扣车标准：

①连续 3 次以上预报 1 级。

②通过 5 次，累计 3 次 1 级。

③通过 6 次，累计 3 次 2 级。

热线传真：显示所有 TADS 探测站的运行状况，包括通信状态和设备状态。

信息概览：显示 TADS 探测站的安装位置，并能够实时动态显示过车信息。

故障警报：显示最新的含有故障轴承的列车警报信息，能够进行声音报警。

对于符合扣车标准的故障轴承，还会在屏幕上方弹出扣车报警窗口，该窗口需要值班员进行确认，单击“关闭”按钮可以关闭该窗口，但重新登录后还会再次弹出，值班员单击“确认”按钮后将不再弹出。

2）复示监控

复示监控功能界面如图 4.19 所示。

在复示监控的“过车信息”窗口中显示最近通过的列车信息，包括正常列车和有预报的故障轴承的列车信息，单击某列过车信息，可以在下面的“详细信息”和“故障信息”窗中显示该列车的车辆信息和故障轴承信息。

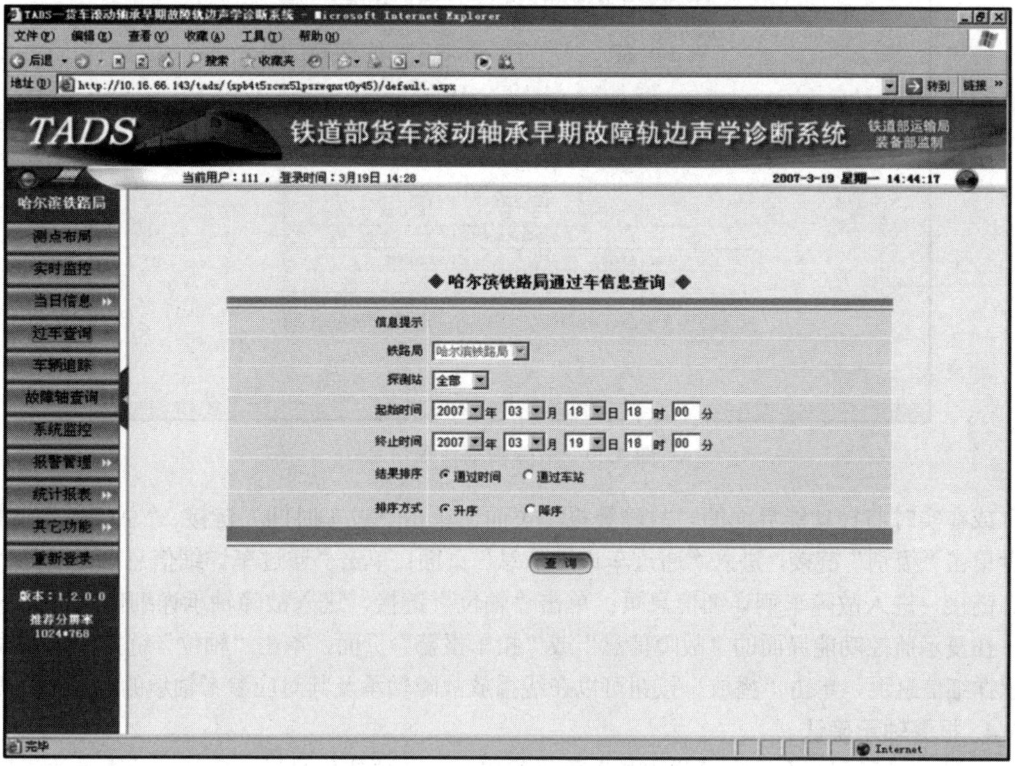

图 4.19　复示监控功能界面

3）查看详细信息

网页中的各个功能页面采用统一风格，页面中带有下划线的内容具有超链接功能，即可以通过单击该内容，打开其他功能页面查看详细信息。

单击不同内容类型的链接执行的功能也不同，一般约定如下：

过车时间：打开通过车详细信息页。

车号与辆序：打开车辆详细信息页。

轴位：打开故障轴详细信息页。

轴报次数：打开故障车辆或故障轴历史预报页。

3. 查看故障详细信息

在实时监控功能界面的“扣车报警”页面，单击“轴位”链接，进入故障轴承详细信息页，如图 4.20 所示。

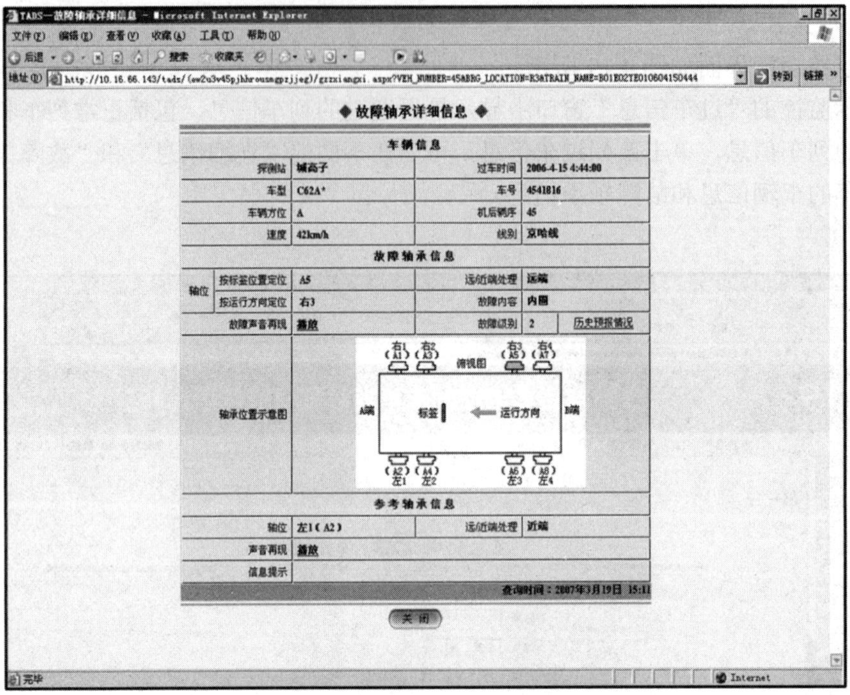

图 4.20　故障轴承详细信息

或在实时监控功能界面的“故障警报”页面，单击“过车时间”链接、“总辆数”链接，或者单击“级别”链接，进入“通过车详细信息”页面；单击“通过车详细信息”页面的“车号”链接，进入故障车辆详细信息页；单击“轴位”链接，进入故障轴承详细信息页。

在复示监控功能界面的“故障信息”或“扣车报警”页面，单击“轴位”链接，进入故障轴承详细信息页，单击“播放”按钮可以在线播放故障轴承及其对应参考轴承的声音和图谱。

4. 报警轴承确认

如图 4.21 所示，系统自动弹出扣车警报窗口时，需要值班员进行确认，单击“关闭”按钮可以关闭该窗口，但重新登录后还会再次弹出，单击“确认”按钮后将不再弹出。

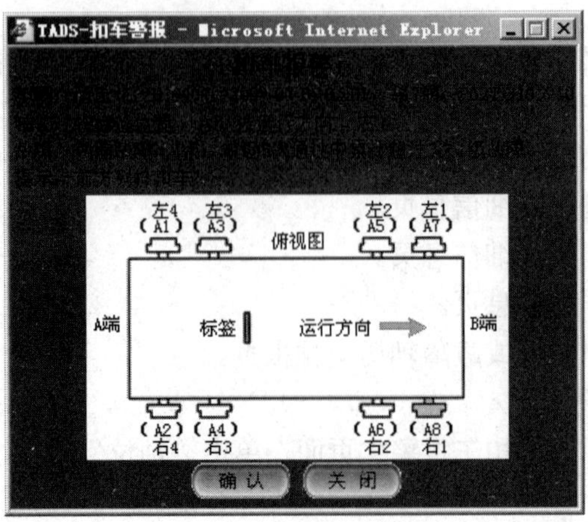

图 4.21　扣车警报窗口

在日常使用中，由于某些原因，致使报警提示框没有及时弹出进行确认，网页还提供了报警轴承确认功能。单击“报警管理”下的“报警轴承确认”进入报警轴承确认的界面；单击每条信息最右端的“编辑”按钮，会出现“确认”和“取消”两项，单击“取消”则不对此信息进行确认，单击“确认”则最终对此报警信息进行确认，成功确认后的报警轴承将不在此网页显示。

5. 检查结果反馈

对于扣车警报和单次预报 1 级的故障轴承，值班员在进行确认并通知现场人员进行检查后，还需要填写列检的实际检查情况并上报。

需特别注意的是在“是否直通车”的选项中，当选择非直通车时，必须选择轴承位置、是否甩车和是否换轮等选项，进行现场检查的轴承必须填写标志板和轴号。最终确保填写的信息准确无误后，单击“提交”按钮即可。

注意：该页面显示的信息为达到扣车警报标准或单次预报 1 级并且未填写过检查结果的故障轴承信息，如果已经填写过检查结果，则不会再显示，可以使用“检查结果查询”功能进行查询；“检查人”填写对轴承进行现场检查的人员名称，必须为中文；“检查时间”必须按照规定格式输入。

6. 分解结果反馈

单击“报警管理”下的“分解结果反馈”按钮进入分解结果反馈页面，如图 4.22 所示，在检查结果反馈信息填写为“换轮”的故障轴承，会显示在分解结果反馈页面中，需要在 15 日内填写分解结果反馈信息，如超过 15 日期限，则按逾时记录。单击“填写”按钮，在下方会出现分解登记表。

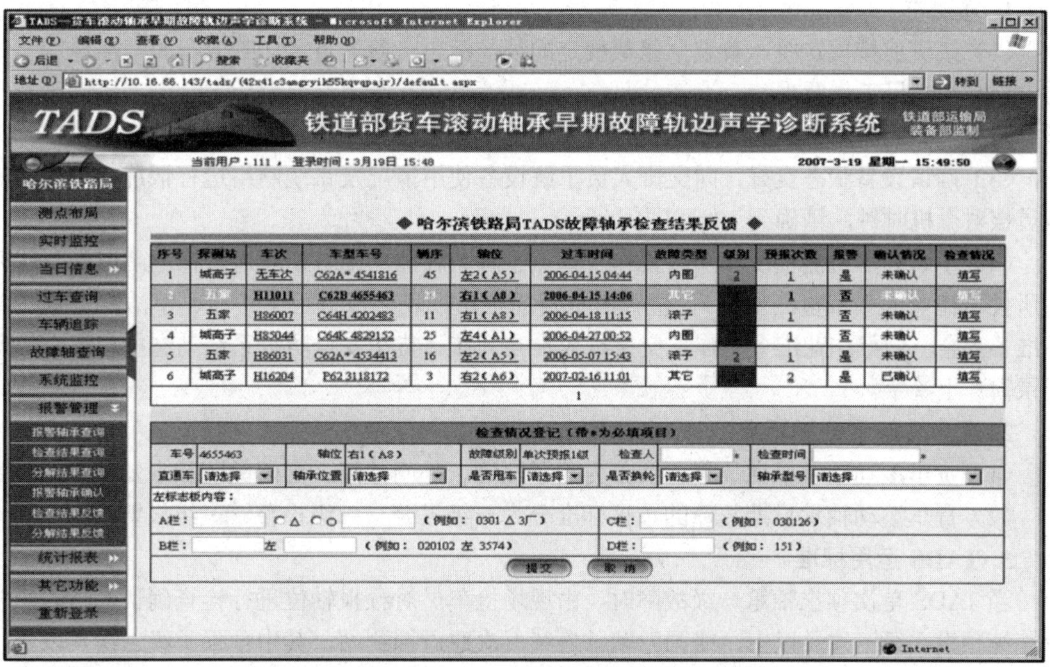

图 4.22　分解结果反馈页面

分解登记表填写方法：

（1）选中某个故障轴承后，首先需要填写分解情况登记表，选择或填写的内容包括：

故障部位选择轴承实际的故障部位，如果有多个故障存在，则填写 TADS 预报的故障类型。

缺陷类型：选择轴承实际的缺陷类型。

轴承编号：填写轴承上标识的编号（只有部分类型轴承存在编号，没有则可以不填）。

分解单位：选择分解单位。

分解时间：填写实际分解轴承时间，格式为 YYYY－MM－DDHH：ML。

（2）填写完分解情况登记表后，需要上传轴承故障部位照片（如有多个故障部位，则可以上传多张照片，没有故障则不需要上传），上传方法如下：在轴承故障部位照片上传区域，依次选择该照片的故障部位和缺陷类型，并单击“浏览”按钮选择该照片，照片为 JPEG 格式（文件扩展名为.JPG），然后单击“上传照片”按钮上传照片，成功上传的照片会显示在已上传照片列表中。

（3）当所有故障部位照片都成功上传后，单击“提交”按钮将分解情况反馈信息及已上传的照片一同提交给服务器，完成分解结果反馈。

（4）如果没有提示错误信息即表示反馈成功，反馈信息填写成功的故障轴承不再显示；如仍然显示在需要填写列表中，可以单击鼠标右键进行刷新。

4.2.4 作业程序及标准

1. 接班

（1）接班前按规定统一着装，佩戴规定的统一标志，参加点名，听取车间干部传达上级文电精神和当日工作要求。

（2）点名完毕后列队回工作岗位，由动态检车组长布置当班任务，提出注意事项。

（3）确认设备状态良好，向交班人员了解设备使用情况及系统网络运行情况；与列检值班员核对微机时钟，精确到 10 s 以内。

（4）了解列车检测情况和遗留工作（重点了解、盯控交接班期间通过探测站但未到达列检所技检作业的列车检测情况），检查所负责的台账报表，保持卫生干净、整洁，工具、备品准备齐全，做好作业准备工作；交接班人员共同在《货车安全防范系统动态检车组交接班记录簿》上签字。

2. 预报等级和分类标准

（1）货车滚动轴承早期故障主要分为滚子故障、外闸故障、内闸故障和未知故障四类。

（2）货车滚动轴承早期故障的预报标准分为一级报警、二级报警、三级报警。

3. TADS 运用标准

当 TADS 单次预报轴承一级故障时，由现场检车员对预报轴位进行检查确认。当同一轴承连续预报一级三次及以上，或同一轴承连续五次通过探测站，其中预报一级三次及以上，或轴承连续六次通过探测站，其中预报二级三次及以上时，系统自动弹出扣车预报对话框，现场检车员要对预报轴位进行检查确认；现场检车工长要对现场检车员认定无故障轴位进行复核。

4. 预报处理标准

（1）本站停车技检作业时，对 TADS 单次预报轴承一级故障货车和 TADS 自动弹出对话框的扣车预报货车，动态检车员要立即将车次、车号、辆序、轴位等情况经动态检车组长向列检值班员报告，由列检值班员通知现场检车员，由现场检车员对单次预报货车和扣车预报货车进行检查确认；现场检车工长要对现场检车员认定无故障的扣车预报货车进行复核；现场检车员要将所有预报货车的检查确认结果向动态检车组进行反馈，由动态检车员录入 TADS。对存在故障货车按有关规定办理扣车手续，并在轴承外闸的正下方，粘贴不干胶——TADS 甩车粘贴标志，注明“TADS 故障”字样，将故障车辆调至站修所后进行换轮处理；故障轮对送至车辆段检修车间进行轴承退卸处理，检修车间对轴承退卸分解后发现的故障进行拍照存档，由车辆段安排专人汇总轴承故障类型及照片，15 日内补录入 TADS。

（2）对直通货物列车，当 TPDS 预报踏面一级损伤且 TADS 有一次一级或两次及以上其他级别预报时，由“货车运用质量跟踪系统”复示到终到站列检作业场，确认后甩车换轮；当 TADS 自动弹出扣车对话框时，由“货车运用质量跟踪系统”复示到终到站列检作业场，确认后换轮进行轴承退卸。

5. 实时监控 TADS 运行状态

坚守工作岗位，监测 TADS 运行状态，并负责传输通道故障的监测。当 TADS 客户端计算机无法正常工作时（设备发生故障、列车在探测站调速停车、停电、设备检修等影响终端正常检测），须立即报告动态检查组长启动应急预案。设备故障影响复示终端正常检测时，须立即按照 5T 设备故障信息传递流程通知设备维修人员处理，并及时填写系统故障报修记录。

6. TADS 动态检测一列作业顺序和标准

（1）在实时监控功能界面，如“信息概况”窗口出现动画显示的列车图标，表示有列车通过探测站；最近过车信息出现在“绿色通道”窗口或“故障报警”窗口的最上部一行（或及时查看复示监控功能界面“过车信息”），按《TADS 预报信息确认情况记录簿》的格式填写有关内容。

（2）本站停车技检作业时，对 TADS 单次预报轴承一级故障货车和自动弹出对话框的扣车预报货车，动态检车员对报警轴承信息进行确认；并立即将车次、车号、辆序、轴位等情况经动态检车组长向列检值班员报告，由列检值班员通知现场检车员。同时，按《TADS 预报信息确认情况记录簿》的格式填写有关内容。

（3）对直通货车（复示站所在站区不停车技检作业），动态检车员不负责 TADS 报警信息的预报，但必须在“报警管理”下的“检查结果反馈”窗口填报“直通车”。

（4）故障预报（通报）程序。

① 列车在复示站所在的列检作业场停车作业时，TADS 动态检车员必须立即填写（或打印）《TADS 预报处理车辆故障信息卡》的“日期”“编号”“预报情况”栏，送交列检值班员签字，一式两份，列检值班员、动态检车员各存一份，由列检值班员通知现场检车员。

② 列车在复示站所在的列检作业场虽不停车作业，但在本站区其他列检作业场停车技检作业时，TADS 动态检车员负责用电话将系统预报故障向列车停车技检作业的列检作业场

列检值班员报告，列检值班员做好记录，并在现场检车员对列车进行技检作业时，集中通报货车安全防范系统预报的故障信息。

7. 交班

（1）整理台账、报表，汇总有关技术指标，向动态检车组长汇报当班生产情况和遗留问题。

（2）检查所使用的设备、仪器，打扫室内外环境卫生。

（3）与接班人员面对面交接设备，重点交接已通过探测站但未到达列检所技检作业的列车检测情况和遗留问题，按《货车安全防范系统动态检车组交接班记录簿》的格式填写有关内容，交接班人员共同签字确认。

8. 故障报修

TADS 因设备故障、停电等因素造成无法进行动态检查时，TADS 动态检车员立即报告动态检车组长，动态检车姐长确认后立即用录音电话通知列检值班员、系统所在地 5T 维修班组和段调度，填写《货车安全防范系统故障报修记录》，并向动态检车工长汇报。

4.2.5 轴承损伤形式

由于滚动轴承加工或装配不当、润滑不良、异物侵入、腐蚀剥落、过载及长期运转等原因，都可能导致早期损伤。滚动轴承的故障可根据滚动轴承的损伤形式、故障的部位及缺陷级别进行分类。按滚动轴承的损伤形式分类，滚动轴承一般常见的破坏形式有：麻点、辗皮、剥离、擦伤、烧附、热变色、腐蚀、微振磨蚀、凹痕、压痕、拉伤、磕碰伤、划伤、裂损、电蚀。

4.2.6 TADS 工作原理

1. 工作原理

利用声学传感器拾取轴承的声音（噪声）信号，采用特定的信号分析技术，可以从频域或幅域提取出轴承的故障特征，再应用各种模式识别方法，就能够实现滚动轴承的故障诊断。幅域特征可以反映故障的程度，频域特征则可以反映故障的部位。

因为故障部位不同，其产生的重复冲击频率是不一样的。根据轴承运动学原理，如果已知轴承的几何参数和转速，就可以计算出各轴承零件产生故障时的特征频率。通过对实测信号进行分析，查找特征频率成分，即可判别故障所在。

2. 关键技术

（1）声音信号的拾取。

（2）系统降噪与高速采集。

（3）故障诊断与人工智能。

（4）波形分析与图谱分析。

（5）系统网络化与监控管理。

3. 轴承基本结构

如图 4.23 所示，滚动轴承由外圈、内圈、滚动体和保持架 4 部分组成。内、外圈之间相对转动，滚动体绕轴心自转，同时相对内、外圈公转。

图 4.23　滚动轴承

如图 4.24 所示，轴承滚动面出现缺陷时，滚动体碾压到缺陷部位，就会产生冲击振动，从而产生异常声音。

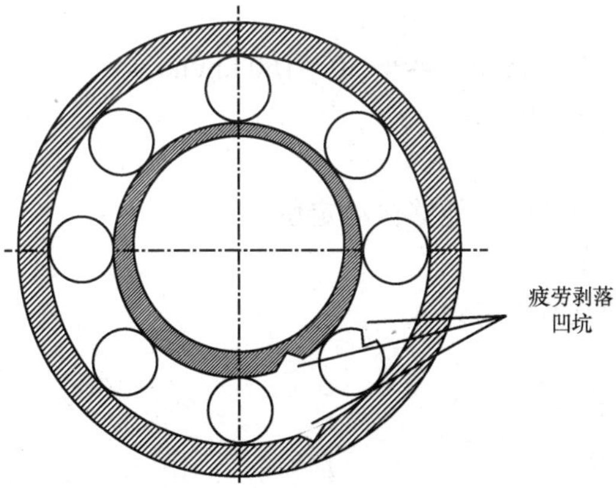

图 4.24　轴承滚动体疲劳剥落

4.2.7　TADS 功能

系统采用声学诊断技术和计算机网络技术，通过对运行中货车轴承噪声信号的采集和分析，识别轴承的工作状态，可提供有效的轴承内部早期故障诊断结果，在热轴之前发现故障。完成数据采集、处理、分析等工作；识别运行状态不良的轴承；实时向安全监测中心传送监测结果数据；实现自身工作状态可进行远程监控和管理。TADS 总体布局如图 4.25 所示。

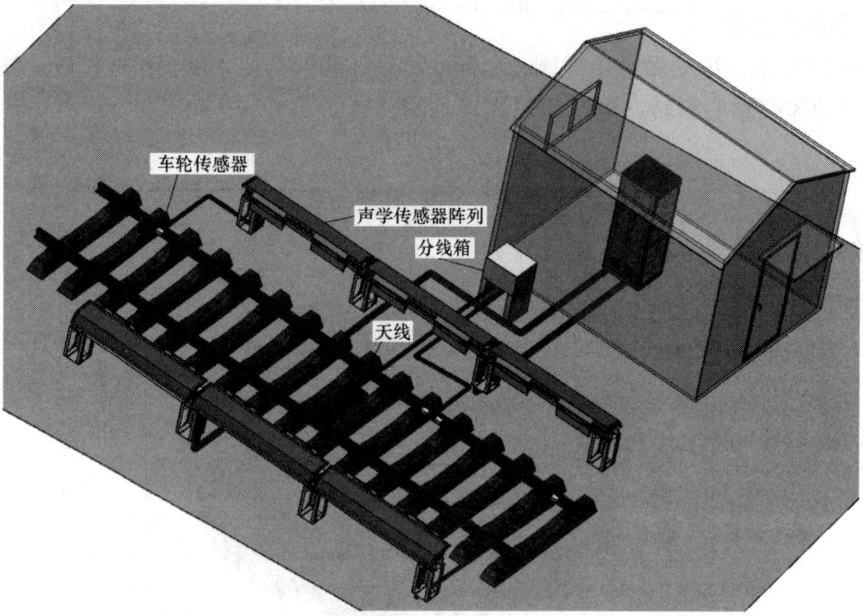

图 4.25　TADS 总体布局

4.2.8　主要技术指标

系统自动检测通过列车滚动轴承的滚子、内圈、外圈等故障。

预报等级：3 级。

适应车速：货车 30～110 km/h，客车 30～160 km/h。

检测精度：预报准确率≥97%。

自动计轴、计辆和测速。

预报的故障轴承的车号和轴位能够自动定位。

自动识别列车车次、车号信息。

自动跟踪故障轴承的发展趋势。

环境温度：

室外设备：−40～+70 ℃。

室内设备：−20～+60 ℃。

环境湿度：

室外设备：≤95%。

室内设备：≤85%。

日 温 差：≤35 ℃。

适应电源：

交流电源：220 V（1+15%），50 Hz。

信息传输：

信息传输方式：TADS 探测站与路局集团公司监测中心采用两线专用通道或宽带传输。

数据传输接口：RJ45 网络接口。

数据传输速率：专线传输速率不低于 9 600 bps，网络传输为 2 Mbps。

传输接口协议：CCITT 及我国铁路通信的有关规定。

传输校验方式：文件传输协议（FTP）。

4.2.9　轴位定义

1. TADS 轴位定义（按运行方向）

如图 4.26 所示。

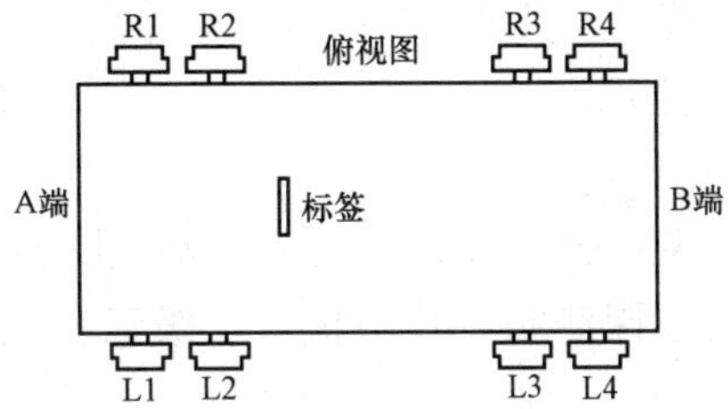

图 4.26　车辆轴位（按运行方向）

预报时采用运行方向及标签位置定位方向进行预报。

2. TADS 轴位定义（按标签位置）

如图 4.27 所示。

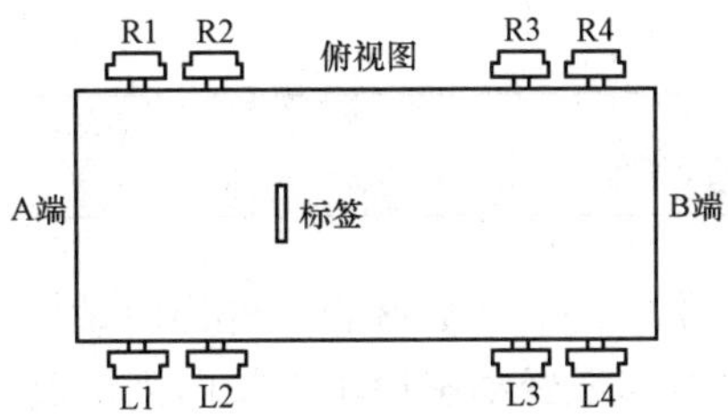

图 4.27　车辆轴位（按标签位置）

轴承运行状态跟踪时以按标签位置定位方式为标准，预报时采用运行方向及标签位置定位方向进行预报。

4.2.10　运用管理

（1）当车辆新造或进行检修后，TADS 系统通过车辆制造工厂或车辆段 AEI 设备和其他相关信息系统获得车辆和轴承的信息，上传国铁集团 TADS 数据库。

（2）对线路上运行的轴承实时监测，记录通过 TADS 时的运行状态。

（3）发现某个轴承出现故障后，自动跟踪，当轴承故障达到一定危险程度时进行报警，提示进行扣车换轮处理。

（4）故障轴承退卸分解后，车辆段将故障轴承的分解情况及故障照片信息反馈到国铁集团 TADS 数据库。

4.2.11 扣车标准

1. 故障类型

TADS 探测站自动进行数据采集，并对通过列车的每一个轴承的探测数据进行分析，对轴承的运行状况进行级别评定和故障诊断。探测到的轴承故障信息提供给各监控、复示及查询终端。

TADS 采集系统建立数学模型，根据货车运行速度、轴承振动频率、轴承运转噪声、轴承故障类型进行后台分析。

故障类型：外圈、内圈、滚子、其他。

故障级别：一级、二级、三级。

2. 报警规定

（1）同一轴承连续预报一级三次及以上（连续三次以上预报一级）。

（2）同一轴承连续五次通过探测站，其中预报一级三次及以上（通过五次，累计三次一级）。

（3）同一轴承连续六次通过探测站，其中预报二级三次及以上（通过六次，累计三次二级）。

处理规定：当 TADS 单次预报轴承一级故障时，由现场检车员对预报轴位进行检查确认，做扣车处理。现场检车员要对预报轴位进行检查确认，现场检车工长要对现场检车员认定无故障轴位进行复核。

4.2.12 信息反馈

对 TADS 单次预报轴承一级故障和 TADS 自动弹出对话框的扣车预报，动态检车员要立即将车次、车号、辆序、轴位等情况经动态检车组长向列检值班员报告；由列检值班员通知现场检车员；由现场检车员对轴承进行检查确认；现场检车员要将检查确认结果向列检值班员报告，向动态检车组进行反馈，由动态检车员录入 TADS。如图 4.28 所示。

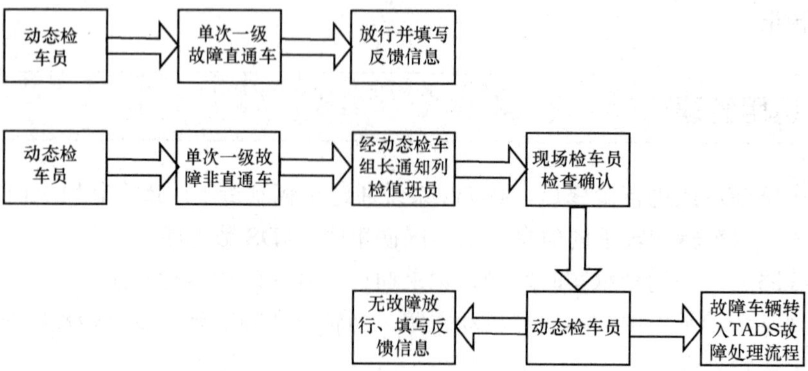

图 4.28　TADS 预报单次一级轴承故障

对存在故障货车按有关规定办理扣车手续，并在轴承外圈的正下方，粘贴不干胶标志，注明“TADS 故障”字样，将故障车辆调至站修所后进行换轮处理。

故障轮对送至车辆段检修车间进行轴承退卸处理，检修车间对轴承退卸分解后发现的故障进行拍照存档，由车辆段安排专人汇总轴承故障类型及照片，15 日内补录入到 TADS。

任务检验与评价

完成工作任务单；使用多媒体形式开展汇报和交流；采用自评、互评、教师评价等多种方式进行过程评价和结果评价。

工作任务单（仅作参考）

No.

<table>
<tr><td colspan="6">任务分派流程</td></tr>
<tr><td>派单人</td><td></td><td>所属部门</td><td></td><td>派单时间</td><td></td></tr>
<tr><td>任务名称</td><td colspan="3"></td><td>完成时限</td><td></td></tr>
<tr><td>任务执行人</td><td colspan="2"></td><td>接单人签字</td><td colspan="2"></td></tr>
<tr><td colspan="6">完成标准/要求：</td></tr>
<tr><td colspan="6">任务完成情况（说明工作步骤、工具使用情况、具体工作内容、实验或实训数据）：</td></tr>
<tr><td colspan="6">结果确认流程</td></tr>
<tr><td rowspan="2">实训场地管理人员</td><td colspan="3">成绩评定：</td><td colspan="2" rowspan="2">签字：</td></tr>
<tr><td colspan="3">存在问题：</td></tr>
<tr><td rowspan="2">派单人</td><td colspan="3">成绩评定：</td><td colspan="2" rowspan="2">签字：</td></tr>
<tr><td colspan="3">存在问题：</td></tr>
</table>

任务 4.3　TADS 设备检修

任务描述

开展 TADS 设备检修实践。

1. 环境与设备

TADS 检测站。

2. 项目形式

实习。

3. 注意事项

严格遵守铁路企业安全规程。

4. 学习成果

工作任务单、多媒体汇报材料等。

学习资料

4.3.1　作业内容

清洁室内外设备，测量设备安装尺寸，紧固轨边设备，测量电气指标，检查两路电源、UPS 不间断电源及转换装置。

4.3.2　人员要求

经路局集团公司培训合格，持“铁路岗位培训合格证书”的列车轴温检测员。

4.3.3　作业流程

如图 4.29 所示。

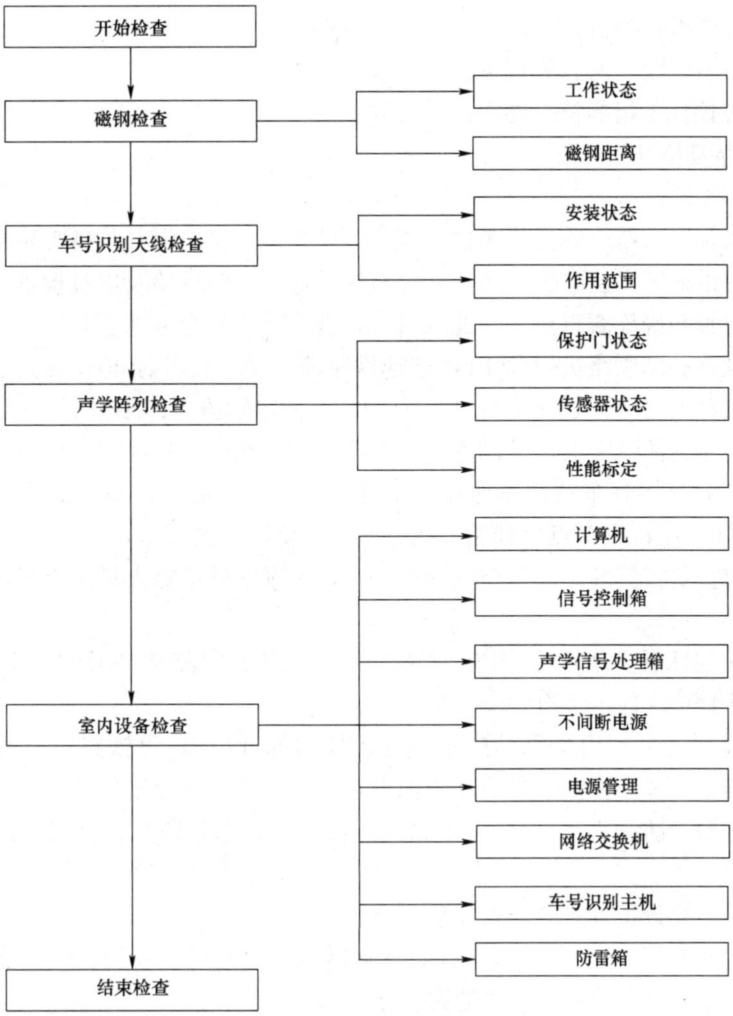

图 4.29　TADS 设备检修作业流程图

1. 安全风险控制

（1）禁止饮酒上岗，班前、班中严禁饮酒（红线规定）。

（2）检修作业必须全部在“天窗点”内进行。

（3）驻站（调度所）联络员或现场防护员不得临时调换，施工和维修作业必须在维修和防护人员全部到位后，方可进行。

（4）现场防护人员严禁靠近作业点，与作业人员聊天、参与作业，必须集中精力进行防护，做好与作业人员的呼唤应答。

（5）作业人员和防护人员要严格执行“一线来车，双线下道”的人身安全规定，在来车避让时，必须下到股道以外，严禁在两轨道间避让。

（6）驻站防护员和现场防护员之间在有来车信息时要及时联控，无来车信息也必须执行 3～5 min 联控制度。

（7）所有作业人员、防护人员严禁携带手机上道作业，上道前手机必须存放在室内，禁止在股道上接听或拨打手机。

（8）室外设备无松、垮、脱现象。

（9）设备各项技术指标符合要求。

2. 作业程序及标准

1）作业前准备

（1）作业人员穿着统一带反光条的工作服、防护服，穿防滑鞋，携带防护证、口哨、安全防护袖标及对讲机等安全防护用品，并对对讲机进行呼叫试验及电量检查。

（2）检修组长明确检查重点、作业项目、作业分工、安全注意事项。

（3）高速铁路驻站联络员提前 1 h，普速铁路驻站联络员提前 40 min 到达车站运转室，与车站值班员核对天窗修计划并填写“运统−46”。向车辆段工作站报到。

（4）进入线路封闭网之前，驻站联络员与现场防护员进行远距离对讲机呼叫试验。

（5）驻站联络员接到车站给点通知确认可以上线作业后，使用标准用语呼叫现场防护员：“××线××区段，天窗点已开始，线路安全，可以上线。”

（6）现场防护员接到驻站联络员入网通知后，带领现场检修人员进入封闭网，沿着线下走向探测站。

（7）到达探测站后，现场检修作业人员应将手机放在探测站“手机存放处”，向车辆段工作站报到后严禁再次使用手机。

（8）现场检修人员利用探测站座机电话，使用标准用语（“铁路局监测站，×××段×××探测站维修工×××做双月检，防护人×××”，“车辆段工作站，×××探测站维修工×××做双月检，防护人×××”）向铁路局监测站、车辆段工作站报到，了解设备运行状态。

（9）在探测站检查工具齐全、仪器仪表状态良好。

（10）现场防护员到达防护位置，检查作业区域、行走通道有无影响作业的障碍物，若有则及时清除，通知现场检修人员“线路安全，可以上道”后开始作业。

（11）驻站防护员和现场防护员之间在有来车信息时要及时联控，无来车信息也必须执行 3～5 min 联控制度。有来车信息时的联控用语为，驻站联络员：“××线××行方向来车，请立即下道避让。”现场防护员：“××线××行方向来车，立即下道避让，收到。”无来车信息时的联控用语为，驻站联络员：“线路无车通过，可继续作业。”现场防护员：“线路无车通过，可继续作业，收到。”

（12）防护中断应急处置措施。

防护中断主要是指驻站联络员与现场防护员联系中断，3 次分别是第一、第二次用对讲机（公网对讲机）联系，第三次用天翼手机（或手持机）联系，每次时间间隔 30 s，第一、第二次联系时应移动位置，站在相对高处。共分 5 种情况。

① 天窗点外作业无来车情况下，现场防护员主动与驻站联络员联系 3 次不畅时的处置措施：现场防护员立即督促现场维修人员停止作业、下道避车，人员和工器具撤离限界以外。

② 预报列车信息，驻站联络员与现场防护员联系 3 次不畅时的处置措施：驻站联络员立即拨打作业人员手机，做好下道避车准备，并让作业人员督促现场防护员调整站位，保证联控通畅。

③ 驻站联络员与现场防护员联控不畅时的处置措施：当驻站联络员连续呼叫现场防护员 3 次，现场防护员无应答时，驻站联络员立即报告车站值班员，扣停列车（或列车以不超过 20 km/h、随时停车速度运行）。

④ 站内施工作业列车信息联系 3 次不畅时的处置措施：当驻站联络员连续呼叫现场防护员 3 次，现场防护员无应答时，驻站联络员立即报告车站值班员，扣停列车（或列车以不超过 20 km/h、随时停车速度运行）。

⑤ 来车时，作业人员及工器具未及时下道时的处置措施：现场防护员要面向列车运行方向，密切注意列车运行动态，发现来车作业人员、工器具未及时下道时，现场防护员应急速奔向列车，展开红色信号旗（ 灯）或徒手显示停车信号，拦停列车。

2）室外设备检查

（1）检查磁钢及磁钢安装卡具。

① 直观检查磁钢外观无破损，使用 17 mm 呆扳手依次对车号识别装置 1#、2#、3#磁钢、声学车轮传感器 WS1、WS2 安装螺栓螺母及备母顺时针方向紧固。使用清洁布擦拭磁钢表面和四周，清洁无铁屑，磁钢托架表面清洁。磁钢破损时更换。

② 使用磁钢测量尺，测量车号识别装置 2#、3#磁钢顶面距钢轨面距离。将磁钢测量尺水平密贴在 2#、3# 磁钢顶面，向钢轨内侧推动，测量尺立面与钢轨内侧面密贴，另一水平面与钢轨顶面密贴，满足（40±2）mm。

③ 使用磁钢测量尺，测量 2#、3#磁钢中心距离。将磁钢测量尺水平密贴在 2#、3# 磁钢顶面，端头与 2#磁钢左端面对齐，目光垂直测量尺纵向刻度尺，读取 3#磁钢左端面对应的刻度值，满足（270±2）mm。

④ 直观检查磁钢电缆线护管良好，无断裂。护管断裂时更换。

⑤ 使用磁钢测量尺按照测量 2#、3#磁钢安装尺寸的方法测量车号识别装置 1#磁钢、声学车轮传感器 WS1、WS2 安装尺寸，磁钢顶面距钢轨面距离满足（40±2）mm。

⑥ 用 450 mm 扳手卡住车号识别装置 1#、2#、3#磁钢卡具螺栓、声学车轮传感器 WS1、WS2 磁钢卡具螺栓，顺时针方向紧固。严禁用脚蹬扳手力臂，防止用力过猛挤伤、摔倒。

⑦ 使用钢卷尺测量 WS1 与 MIC1，以及 WS2 与 MIC1 的距离，并与 TADS 计算机中设置的数值进行核对。出现偏差及时通知设备厂家进行参数修改。

⑧ 使用尖嘴钳手把轻敲击声学车轮传感器 WS1、WS2，确认传感器阵列保护门是否打开。

⑨ 使用毛刷清扫 1#磁钢接线端子盒内部。

（2）检修智能跟踪装置。

① 用清洁布擦拭天线及防护罩，直观检查外观无破损、变形，上盖防水作用良好。

② 使用扳手，分别卡住卡具安装架螺栓，顺时针方向紧固，检查无锈蚀。使用扳手检查护管接头紧固，同轴电缆接头无松动。

③ 检修人员使用尖嘴钳手把轻敲击 1#磁钢 4 下，打开天线。

④ 使用微波场强仪置于室外天线上方高度 1 m 位置，沿来车和去车方向水平缓慢移动，观察智能跟踪箱接收指示灯或微波场强仪显示读取状态，用钢卷尺测量出天线最大读取范围，符合≥1.2 m 标准。

（3）检查传感器阵列箱。

① 使用清洁布擦拭传感器阵列箱表面，直观检查外观无破损、变形。

② 靠近传感器阵列箱，耳听风扇转动是否正常，无擦片声。

③ 使用尖嘴钳手把分别敲击声学车轮传感器 WS1、WS2，确认远近侧保护门开启关闭同步正常，无卡滞，且关闭紧密。

④ 使用梅花扳手拆卸传感器阵列箱盖紧固螺栓，打开传感器阵列箱盖，螺栓拆卸完毕后将箱盖放置到路肩。

⑤ 使用毛刷清扫箱内，直观检查箱内无杂物。

⑥ 使用专用卡尺检查声音传感器的位置，发生位移则进行调整。

⑦ 将箱盖复位，使用 32～36 mm 梅花扳手紧固固定螺栓。

（4）检查高压胶管。

① 直观检查高压胶管、法兰盘外观无破损，用洁布擦拭干净。

② 用润滑黄油油润高压胶管接头。

（5）检查轨边分线箱及 HZ－12 分线箱。

① 直观检查接线箱外观无破损，油漆良好，用清洁布擦拭分线箱表面及四周直至清洁。

② 用钥匙开启分线箱锁，双手翻开箱盖，开启灵活，直观检查密封条良好，箱内无积水。

③ 用毛刷清扫分线箱内灰尘，内部清洁。

④ 用平口螺丝刀顺时针方向旋转紧固各接线螺母。

⑤ 关闭箱盖，锁闭分线箱。

3）室内设备检查

（1）检查机柜。

① 使用毛刷清扫箱体内外部灰尘。

② 直观检查风扇转动，扇叶转动均匀，无擦片声。

（2）检查主计算机。

① 直观检查工控机箱体表面无破损，用清洁布擦拭箱体表面灰尘，用毛刷清扫箱体内部灰尘。检查风扇，目视风扇转动，扇叶转动均匀，无擦片声。

② 直观检查硬盘灯工作状态正常。

③ 右手握住显示器前面板手把，将显示器从机柜滑道拉出。用清洁布擦拭箱体表面灰尘。右手拇指将显示器前面板锁闭开关向右拨动，左手握住显示器前面板手把提起，打开显示器上面板与下面板，成 90° 夹角，用毛刷清扫显示器上面板、下面板灰尘。

④ 目测显示器清晰，用手操作键盘各功能键功能可靠，鼠标工作正常。若状态不正常，检查后面板连线是否插接牢固。

⑤ 将 KVM 切换到主计算机，调阅监测软件 TADS 文件同步及传输软件、TADS Data Collector 软件、carlable 软件和 Getftp20 软件，运行正常，无异常报文信息。其中 carlable 软件后台运行，在右下角的状态栏里有显示。

⑥ 调阅杀毒软件病毒库，确保病毒库为最新版本。运行杀毒软件，检查病毒并清除。

（3）检查从计算机。

① 直观检查工控机箱体表面无破损，用清洁布擦拭箱体表面灰尘，用毛刷清扫箱体内

部灰尘。检查风扇，目视风扇转动，扇叶转动均匀，无擦片声。

② 直观检查硬盘灯工作状态正常。

③ 将 KVM 切换到从计算机，调阅监测软件 TADS Data Collector 程序运行正常，无异常报文信息。查看加载指示灯，显示红色时，代表等待接车状态；显示绿色时，代表正在接车状态。当列车通过后显示黄色时，处理数据并传给主计算机，处理完成后显示红色，准备接下一列车。

④ 调阅杀毒软件病毒库，确保病毒库为最新版本。运行杀毒软件，检查病毒并清除。

（4）检查电源信号分配箱。

① 直观检查电源信号分配箱体表面无破损，用清洁布擦拭箱体表面灰尘。

② 直观检查前面板指示灯显示正常。未过车时，power、NS_close、FS_close 指示灯常亮；过车时，power、NS_open、FS_open 指示灯常亮。

（5）检查远程电源控制箱。

① 直观检查远程电源控制箱体表面无破损，用清洁布擦拭箱体表面灰尘。

② 直观检查车号地面 AEI 主机，探测站主计算机，从计算机，SIPS 箱，HUB 箱，NS、FS 放大器箱等设备提供电源输出指示灯正常。

③ 将万用表设置在大于 AC 200 V 挡位，测量输入输出电压，屏幕显示交流电压值满足 176～253 V 范围。

④ 拨打远程电源控制电话后，根据提示音输入密码后提示输入口令，测试能否正常进行远程控制。

（6）检查放大器箱。

① 直观检查放大器箱体表面无破损，用清洁布擦拭箱体表面灰尘。

② 直观检查前面板指示，对比每个信道的参数，如有信道参数与其他不同，手动恢复参数，如不能恢复及时与厂家联系恢复。

（7）检查 HUB 箱。

① 直观检查 HUB 箱体表面无破损，用清洁布擦拭箱体表面灰尘。

② 直观检查机箱后部通信灯状态。

（8）检查网络设备。

① 用毛刷清扫光纤收发器、网络交换机表面灰尘。

② 查看网络交换机指示灯显示状态，目视网络交换机指示灯 PWR 灯常亮，使用的 RJ45 端口对应的指示灯快速闪亮。

③ 用“ping”命令测试网络畅通。在主机上用鼠标单击任务栏“开始”→“运行”，在弹出运行窗口中输入“ping 空格键 指定服务器 IP 地址 空格键　t”命令。通道能 ping 通说明网络畅通，ping 不通则通知铁通部门处理。

（9）检查车号识别装置。

① 直观检查车号箱体表面无破损，用清洁布擦拭箱体表面灰尘。

② 观察前面板显示。开天线指示灯 RF0 过车时常亮，读标签指示灯 TAG 过车闪亮（一个车轮闪亮一下），通信状态指示灯 2RX、2TX 一直交替闪亮（1RX、1TX 不用），电源指示灯常亮。

③ 观察后面板连接线是否紧固。

（10）检查各连接线缆。

① 用毛刷清扫后面板表面灰尘。

② 用螺丝刀顺时针紧固后面板各串口固定螺丝，用手检查接线缆、电源插头与插座连接牢固。

（11）检查两路电源转换。

① 将万用表设置在大于 AC 200 V 挡位，红色表笔测量交流主用电源输入 L 端子处，黑色表笔测量主用电源输入 N 端子处，交流电压值满足 176～253 V 范围，超限时报车辆段工作站通知供电部门调整。同样方法测量备用电源电压值。测量电压时，身体各部不能接触电线和端子金属部位。

② 打开电源进户配电箱门，关闭主用电源开关，转换到备用电源；开启主用电源，电源转换到主用电源。电源转换期间设备运行正常。关闭和开启主用电源开关时，不能接触电线和端子金属部位。

（12）检测 UPS 不间断电源。

① 使用毛刷清扫箱体外部灰尘。

② 直观检查 UPS 电源主机无异常声响、杂声。

③ 直观检查 UPS 电源主机显示器（指示灯）显示正常，主控开关工作位置正常。

④ 检查输入输出接线端各端子无松动、无烧焦。紧固必须断电后进行，严禁带电操作。

⑤ 将万用表设置在大于 AC 200 V 挡位，红色表笔测量交流电源输入 L 端子处，黑色表笔测量主用电源输入 N 端子处，交流电压值满足 AC 220 V（1±20%）的范围。

⑥ 打开电源进户配电箱门，关闭电源开关进行逆变试验，电池逆变正常供电；恢复电网输入，在线式逆变器工作正常。

⑦ 打开电池柜，检查电池无变形，端子无溢酸腐蚀，电池连线无松动，整体无腐蚀。

（13）检查电源防雷箱。

① 使用毛刷清扫电源防雷箱箱体表面及内部灰尘。清扫时身体各部不能接触电线和端子金属部位，避免触电。

② 检查箱体内部各接线端子无脱落，无金属裸露。

③ 检查防雷计数器屏幕，读取读数，当计数值大于上次检修计数时，使用电涌保护器检测仪检测，损坏需更换。

④ 检查电涌防雷模块外观无异常、无烧灼痕迹，防雷器件状态显示窗口无变红。发现异常时用电涌保护器检测仪检测，损坏需更换。

（14）检查信号防雷箱。

① 使用毛刷清扫箱体内外部灰尘。

② 顺时针方向紧固接线端子螺丝，各连接处连接紧固。

③ 检查信号防雷模块外观无异常、无烧灼痕迹。发现异常时用电涌保护器检测仪检测，损坏需更换。

（15）检测地线。

① 检查地线接线端子连接紧固，接触良好，无锈蚀，无松动。

② 将试电笔测试头接触机壳金属部位，拇指压住试电笔尾部金属体，观察试电笔氖管不亮，机壳不带电。

4）完工整理

（1）观察设备运行状态，与段工作站值班员共同确认设备运行正常，无故障，无自检信息。

（2）定置整理。

① 清点工具、仪器仪表，进行清洁保养，按定置管理要求放置到工具柜内，发现作用不良工具或即将到期的仪器仪表带回班组，及时送车间更换。

② 撤销防护。清点工具完毕后，通知现场防护员“作业完毕撤销防护”，现场防护员答复“作业完毕撤销防护，明白”。

（3）信息记录。

① 将检测结果用黑色签字笔填写在《货车车辆滚动轴承故障轨边声学诊断系统（TADS）探测站双月检记录簿》相应检修记录栏中。

② 发生设备故障时，在《5T 及 AEI 设备临修记录簿》上按照项目详细、准确记录。

③ 填错的用红色笔画杠后，另起一行填写，严禁涂改、销毁。

（4）打扫室内卫生。

5）电话报离

（1）用探测站路电拨打车辆段工作站、路局集团公司监测站电话，共同确认设备正常，经同意后报离。

（2）确认报离后，从探测站“手机存放处”取回手机，并携带好随身物品，离开探测站。

（3）现场检修人员与现场防护员离开封闭网之后，现场防护员使用标准用语通知驻站联络员：“驻站联络员×××，检修人员与本人已确认安全离开线路封闭网。”

（4）驻站联络员确认现场人员安全离开线路封闭网后，在车站天窗给点时间结束后，在车站运转室办理“运统-46”销记手续，完成后向段工作站报离后离开。

任务检验与评价

完成工作任务单；使用多媒体形式开展汇报和交流；采用自评、互评、教师评价等多种方式进行过程评价和结果评价。

工作任务单（仅作参考）

No.

<table>
<tr><th colspan="6">任务分派流程</th></tr>
<tr><td>派单人</td><td></td><td>所属部门</td><td></td><td>派单时间</td><td></td></tr>
<tr><td>任务名称</td><td colspan="3"></td><td>完成时限</td><td></td></tr>
<tr><td>任务执行人</td><td colspan="2"></td><td>接单人签字</td><td colspan="2"></td></tr>
<tr><td colspan="6">完成标准/要求：</td></tr>
<tr><td colspan="6">任务完成情况（说明工作步骤、工具使用情况、具体工作内容、实验或实训数据）：</td></tr>
<tr><th colspan="6">结果确认流程</th></tr>
<tr><td rowspan="2">实训场地管理人员</td><td colspan="3">成绩评定：</td><td colspan="2" rowspan="2">签字：</td></tr>
<tr><td colspan="3">存在问题：</td></tr>
<tr><td rowspan="2">派单人</td><td colspan="3">成绩评定：</td><td colspan="2" rowspan="2">签字：</td></tr>
<tr><td colspan="3">存在问题：</td></tr>
</table>

项目 5

车辆运行品质轨边动态监控系统

项目描述

车辆运行品质轨边动态监控系统（TPDS）是一种轨边监测系统。该系统利用设在轨道上的检测平台，对运行中车辆与轨道间的动力学参数实时在线监测，并对其运行状态进行分级评判，在此基础上各 TPDS 探测站联网识别运行状态不良车辆。通过对运行状态不良的车辆进行预警、追踪、处理，从而减少车辆运行事故及车辆故障的发生。

TPDS 最先在我国铁路货车系统开始使用，可有效实现失稳货车的探测，并根据监测情况实施有效状态修。目前已发展出货车 TPDS、客货通用 TPDS、高速动车组 D-TPDS 等。通过本项目的知识学习和实习实训，熟悉该系统。

学习目标

1. 掌握 TPDS 的构成及检测原理
2. 了解 TPDS 的建设安装技术条件
3. 学会 TPDS 的检测作业
4. 能进行 TPDS 探测站日常检修

任务 5.1　TPDS 总体认知

任务描述

了解 TPDS 总体并解决以下问题：

（1）TPDS 主要检测哪些参数；

（2）TPDS 探测站由哪些部分构成；

（3）TPDS 采用了哪些检测方法或技术；

（4）TPDS 探测站的安装有哪些要求。

学习资料

5.1.1 TPDS 组成

TPDS 是利用设在轨道结构中的测试系统对过往车辆进行轮轨力检测，根据检测结果判定车辆的运行状态、超偏载、车轮擦伤等。传统轮轨力测试方法——钢轨剪力法，一般有效检测区长度只有 300～400 mm，行车速度较高时，轮轨间垂直力和横向力的检测精度、车轮踏面擦伤的检测率都很低。TPDS 采用移动垂直力测试、板式传感器等新技术，实现了轮轨垂直力和横向力的连续测试，再加上高平顺测试平台、状态不良车辆识别技术、车号自动识别技术等，不但大幅度提高了在较高速度条件下垂直力的检测精度，增长了测量区，还可对车轮全周长范围内的踏面擦伤进行检测，提高踏面擦伤的检测率；最重要的是增加了车辆横向性能测试功能。该装置安装在直线段，可准确地识别货车是否蛇行失稳及失稳的严重程度。

TPDS 采用分散检测、集中报警、联网运行、信息共享的运行模式，所有探测站联网运行，构成了由查询中心、监控中心、监测中心、列检所复示终端、探测站等组成的监测网络。TPDS 的联网充分利用了铁路通信网既有网络信道以及国铁集团、路局集团公司、站段三级机关局域网，构成了一个树型网络。TPDS 采用 TCP/IP 通信协议，系统所有联网节点（中心服务器和监控终端、列检复示终端、探测站服务器和测点机）均按照国铁集团统一的 IP 地址分配原则分配相应的地址。TPDS 联网图如图 5.1 所示。

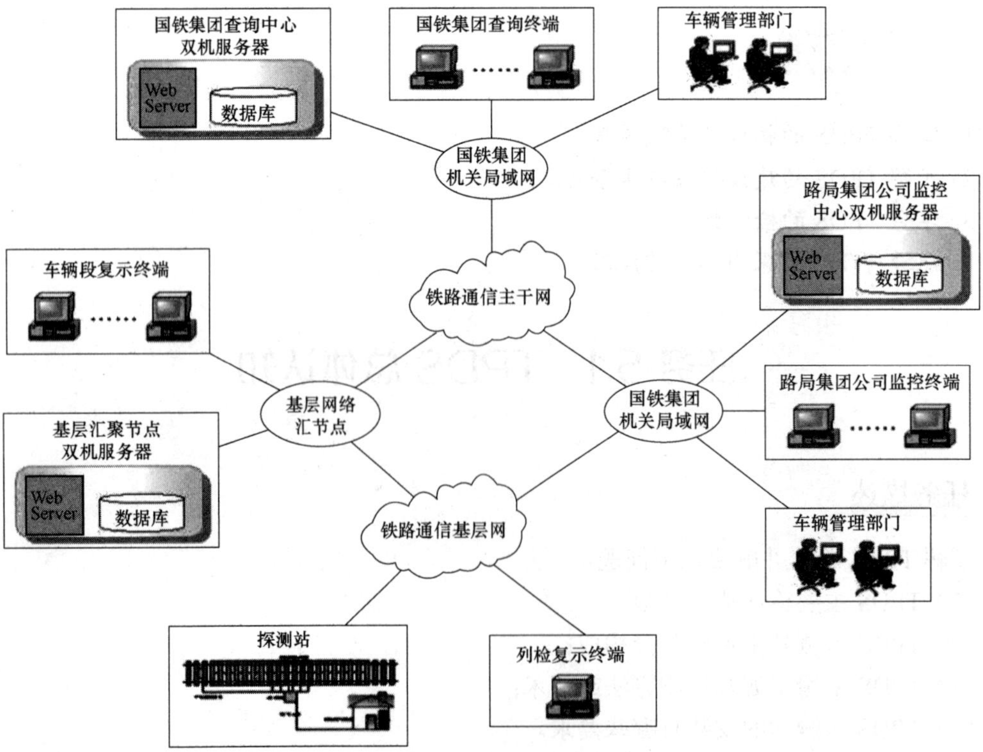

图 5.1　TPDS 联网图

5.1.2　TPDS 探测站

1. 探测站设备构成

TPDS 探测站设备主要由测试平台与传感器、接线箱与接线盒、信号电缆、车号识别装置、测试间与监控机柜、传感器调理单元、监测工控机、测点服务器、不间断电源、数据远传单元、雨量计等部分构成，如图 5.2 所示。

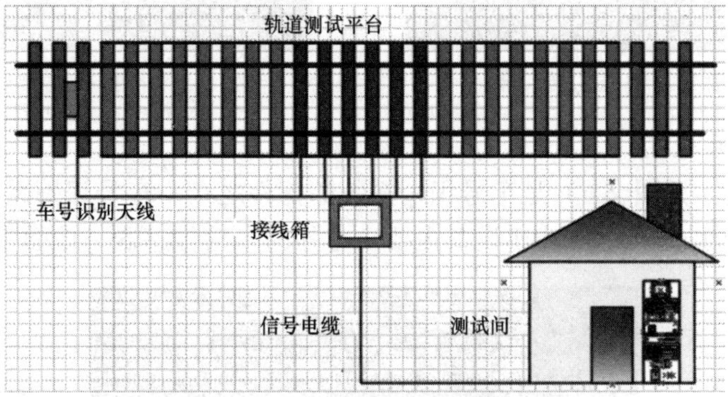

图 5.2　探测站构成示意图

1）高平顺轨道测试平台

轨道测试平台（见图 5.3）由 22 根混凝土轨枕组成（其中 A 型轨枕 6 根，B 型轨枕 16 根），轨枕间距 0.76 m；台面总长 16.27 m；轨枕长 2.6 m；A 型轨枕上装配二维板式传感器；B 型轨枕上设承轨槽和锚固螺栓孔。

图 5.3　轨道测试平台

2）传感器

探测站设备测试核心部件是传感器，设备采用的板式双向压力传感器和不打孔轨腰剪力传感器两类传感器（见图 5.4、图 5.5）均为国内自主研制、国际领先、具有专利的产品。

图 5.4　板式双向压力传感器

图 5.5　不打孔轨腰剪力传感器

3）车号识别天线

车号识别天线（见图 5.6）是车号识别系统的部件之一，车号识别系统由车辆标签、地面 AEI 设备等部分组成。地面 AEI 设备主要由室外的车轮传感器、地面天线等部分构成。

图 5.6　车号识别天线与磁钢

4）探测站机房

见图 5.7。

图 5.7　探测站机房

5）机柜设备

机柜设备是探测站的数据采集、传输以及设备控制中心，一般由显示器、测点服务器、监测工控机、键盘、鼠标、传感器信号调理单元、数据远传单元、雨量计主机、车号识别主机、不间断电源等组成，见图 5.8。

图 5.8　机柜设备

2. 探测站基本功能

（1）完成数据采集、处理、分析，自动识别运行品质不良车辆、车辆超偏载、车轮踏面损伤。

（2）实时向基层节点服务器传送监测数据。

（3）远程监控和管理设备运行状况。

（4）进行设备状态自检功能。

（5）可储存 18 个月原始数据。

5.1.3　货车运行状态地面安全监测实现方法

（1）车辆运行状态识别：通过轮重减载率、轴横向力/垂直力比值、轴横向力大小及变化特征实现。

（2）车轮踏面擦伤识别：通过踏面擦伤车轮引起的冲击荷载的大小识别。

（3）超偏载检测：通过车辆各轮轮载、轴载、转向架荷载大小与分布实现。

（4）当量累计通过总重：通过列车总重与累计通过列车总重累加得到。

5.1.4　测试原理

垂直力测试中采用“移动垂直力综合检测”的方法进行轮轨垂直荷载的测量；横向力测试是将钢轨视为传递轮轨横向荷载的载体，而在钢轨的支承点上测量钢轨受车辆作用施加在框架结构中轨枕上的作用力大小。根据轮轨作用横向荷载在钢轨上的受力影响线，通过标定获得钢轨支承点处实际承受横向荷载的比例，再依据车轮在测试区的位置，由钢轨支承点处承受横向荷载的组合而得到车轮在整个测试区连续横向荷载及变化情况。

垂向力、横向力监测示意见图 5.9。

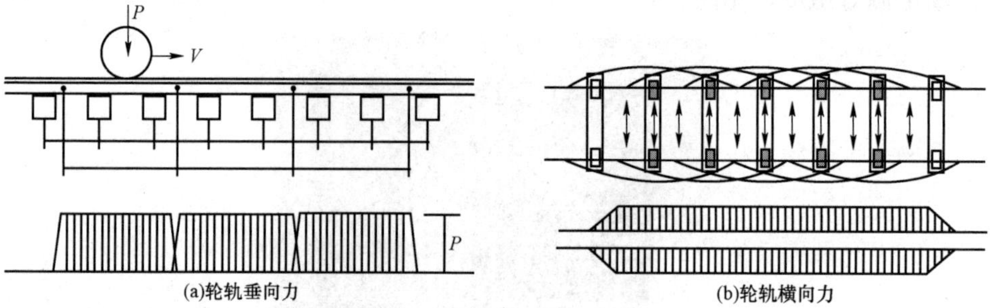

图 5.9　垂向力、横向力监测示意图

1. 设备电器原理

1）传感器

监测系统采用两种传感器完成车辆与轨道相互作用的垂直力和水平力测试，即二维板式压力传感器和剪力传感器，两种传感器均为应变式、惠斯通全桥自补偿测试电路，二维板式压力传感器输入和输出阻抗均为 700 Ω，剪力传感器输入和输出阻抗为 350 Ω。

2）二次仪表

监测系统二次仪表完成传感器信号的调理放大、滤波、偏移纠正、信号 A/D 转换及与计算机通信。信号放大、滤波和偏移纠正由电位器和集成电路芯片完成，电位器 1 可调整放大倍数，电位器 2 可纠正信号偏移。调理后的信号输入 A/D 转换器，信号 A/D 转换由板载 DSP 完成，并按 EPP 并口通信协议与计算机通信。

2. 车体横向平稳性指标均值与脱轨系数均值相关性

评定车辆横向动力学性能的重要参数是车体的横向平稳性指标，而脱轨系数是地面安全监测装置评定车辆状态的重要参数之一。车辆动力学测量系统在 60 km/h、65 km/h、70 km/h、75 km/h、80 km/h 五个速度级下，测量车体横向平稳性指标的平均值与地面安全监测装置测得同一辆车车轴脱轨系数平均值的相关性，部分试验数据见图 5.10。试验表明地面安全监测系统测得横向力/静轴重，与车辆动力学测量系统测量的车体横向平稳性指标有很强的相关性。

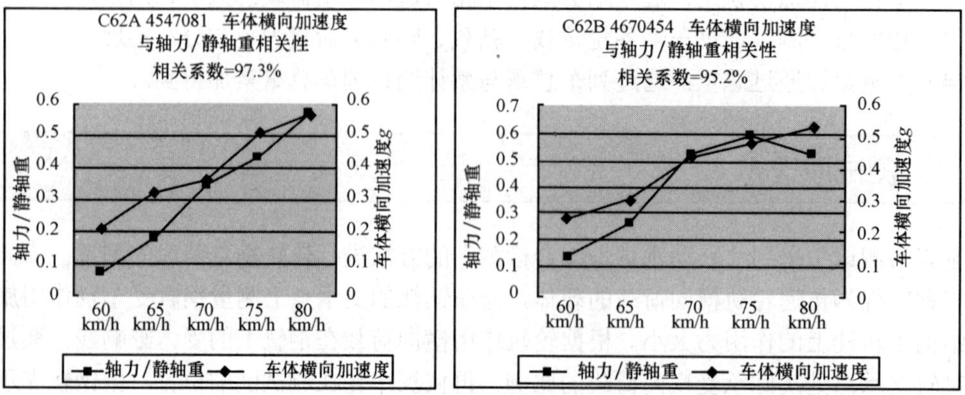

图 5.10　车体横向加速度均值与轴力/静轴重均值相关性

5.1.5　TPDS 相关技术指标

1. 设备技术指标

检测范围：最大轴重 25 t。

识别车辆蛇行运动失稳：车辆运行速度不限。

识别车轮踏面擦伤：检测速度 20～120 km/h。

重车超载检测准确度：列车以 40 km/h 及以下速度通过时优于 0.5‰，40～60 km/h 速度通过时优于 1%，60 km/h 以上速度时优于 3%。

允许超载：额定载荷的 250%。

输出方式：原始数据可存储并进行报表统计分析，可自动报警，将各种超限数据报告监测部门，检测数据可进行网络传输和共享。

输出报告内容：列车通过时间，各种车辆总重、架重、轴重、轮重和轨道当量通过总重，车辆超载和前后、左右偏载，车轮踏面擦伤等级、轴位和轮位，车辆轮重减载率、脱轨系数、横向力及其变化特征，蛇行失稳车辆位置。结合车号识别系统可输出车号。

2. 探测站设备工作条件

（1）对象：符合铁路运输要求、轨距 1 435 mm 的各型铁路货车。

（2）钢轨轨型：50 kg/m、60 kg/m、75 kg/m。

（3）线路条件：符合部颁车辆运行状态地面安全监测系统设备安装技术条件。

（4）工作环境：仪表系统温度 0～+50 ℃，湿度≤85%；测试平台温度－40～+60 ℃，湿度≤95%。

（5）电源：AC 220 V $^{+15\%}_{-20\%}$，50 Hz。

（6）功率消耗：不大于 3 kV·A。

5.1.6　TPDS 探测站安装技术条件

1. 线路技术要求

正常货车速度为 60 km/h 及以上的正线，安装在直线段，设备前后分别有 400 m、100 m 以上直线段，线路坡度不超过 3‰；设备前后（前 400 m、后 100 m）不得有道岔区、曲线、长大桥梁等；设备及前后 80 m 区段避开电化分相点、短梁、短涵、道口及易产生洪水、塌方、冻涨等地段；宜采用 60 kg/m 钢轨的无缝线路，测试平台区段钢轨没有接头、焊缝和损伤；供电、通信、巡视、防盗条件好。宜采用新轨，使用旧轨时其垂直磨耗小于 5 mm、侧磨小于 6 mm，无交替侧磨现象；铺设区段应为Ⅱ或Ⅲ型混凝土枕，无轨枕失效；应采用Ⅰ级道砟，道床饱满清洁，道床两侧排水条件良好，无道床板结、道砟囊、翻浆冒泥等病害，道床不易被粉化物掩埋；安装区段及前后线路路基状态良好，边坡稳定，无路基病害；安装位置及前后线路应保证有良好的轨道平顺性、等同的轨道结构强度、刚度和承载力；安装时禁止在钢轨上焊接、打孔。

2. 探测站控制室要求

测试平台附近设置控制室，使用面积不小于 10 m^2；与测试平台应尽量靠近，减少信号衰减，避免雷电感应影响；控制室与接线箱间设置穿线管，埋深距路基面不小于 30 cm，室内设出线孔；可视条件良好，方便观测上下行列车；有可靠的 220 V 电源（二级负荷要求）及两组接地装置，电源功率不小于 3 kV·A；设置架空防静电地板或电缆沟槽；有防雨、防潮、隔热、通风、防盗、防鼠等功能；与外界具有传输速率为 64 kbps 的信息传输通道及两端连接设备、专用电话线一条。

3. 测试平台设备安装

安装方式有两种，根据现场具体情况来选择。

第一种：单根抽换轨枕法。不拆除原有钢轨，在钢轨上标示出测试平台横向轨枕的安装位置，封锁线路，在标示位置采用单根抽换轨枕的方法换入专用轨枕，然后进行测试平台轨枕的横向连接。

第二种：整体横移法。采用新钢轨，在线路旁边完成测试平台和新钢轨的整体拼装，封锁线路，拆除原有钢轨和轨枕，然后整体横移拼装好的测试平台和钢轨，最后进行钢轨连接。

4. 安装工程工作流程

设备安装位置确定由车辆部门牵头，工务、电务、铁通、机务、房建、设备厂家参加，由车辆部门提出意向，参考工务设备台账初步选定，再结合现场调研确定，关键因素有线路和施工条件、网络通道条件、房建和电力条件、通信及设备维护便利。

设备测试平台上道、安装选点通过批准后，车辆部门联系工务部门申请设备上道施工天窗，天窗时间一般控制在 2 h（不换轨条件下），施工后留限速通过时间或限速通过列数。施工计划和施工由工务部门承担，厂家提供安装总图和技术指导，测试平台由厂家按指定时间运至工务工区或安装地点，工务部门负责卸货、保存、上道搬运、16 根混凝土轨枕螺栓锚固（厂家提供锚固螺栓）和安装，安装可采取单根抽换轨枕方式进行，也可采用线旁拼装整体置换方式进行。

5. 探测站建设

探测站与测试平台安装并行，由房建部门根据车辆部门相关要求就近建设探测站，相关部门完成两路供电、两组接地、维修电话及传输通道建设。

6. 网络通道和通信通道建设

TPDS 信息传输流程为探测站至分局中心数据库服务器（一般托管至电子中心）、分局服务器将信息复示至车辆段和列检值班室，同时将信息传至路局集团公司中心数据库服务器（一般托管至电子中心）。TPDS 监测信息主要利用 TMIS 网完成信息传输，通信协议采用 TCP/IP。一般由电务承担必要的通道建设，主要解决探测站与相临车站通信机械室网络连接和电话、列检与分局服务器间连接，要求传输速率不小于 64 kbps。电子部门提供分局和路局中心服务器设置位置和相关连接、中心数据库服务器以及探测站两台微机 IP 地址分配。

传感器安装和设备调试探测站建设完成、电力到位且测试平台经过碾压稳定后（一般控制在 15 日以内），由工务部门完成线路整修（达到工务规定的线路作业验收标准）、测试平台高强度螺栓紧固、传感器上道搬运和安装配合、车号设备开机电缆埋设工作，车辆部门负责接线箱至探测站信号电缆穿线管埋设、雨量筒固定工作，配合厂家完成传感器安装、设备连接和调试工作。

系统标定厂家完成系统调试后，由车辆部门组织，厂家、机务、总工室或计量分站参加，进行系统垂直力标定。标定计划由车辆部门负责，申请天窗时间一般控制在 1 h 30 min，在天窗时间内，由机车牵引 T6F 系列砝码车来进行，运行速度为 40 km/h 和 70 km/h 两个速度级，有效次数每速度级不少于 3 次。系统横向力标定由厂家在列车运行间隔完成，车辆部门配合。

中心服务器和相关复示终端安装的车辆部门负责服务器和监控复示计算机购置（含操作系统），厂家负责业务应用系统和复示软件安装、调试，电子部门配合。

任务 5.2　进行 TPDS 检测作业

任务描述

通过实习或实训完成 TPDS 动态检车作业。

1. 环境与设备

动态检车室或实训室。

2. 项目形式

实习或实训。

3. 注意事项

严格遵守铁路企业安全规程。

4. 学习成果

工作任务单、多媒体汇报材料等。

学习资料

5.2.1　作业要点

TPDS 动态检车员接到接车通知后，查看系统预警情况，通知列检值班检车员，预报现场检车员进行确认、处置。TPDS 动态检车员收到现场检车员反馈信息，做好报警信息回收工作。

5.2.2　作业流程

见图 5.11。

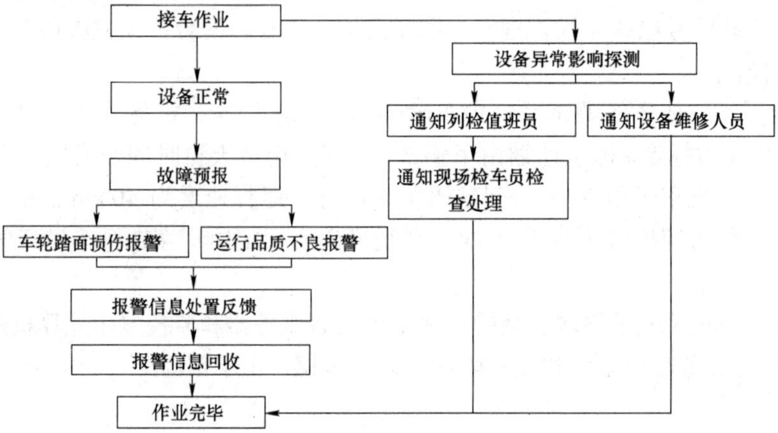

图 5.11　TPDS 检测作业流程图

1. 接车作业

（1）当系统提示来车时，TPDS 动态检车员单击窗口确认，分析监测预报车辆故障情况。

（2）列车通过探测站后，TPDS 动态检车员查看系统本地探测和联网推送的预报情况，将报警车辆的车次、车号、轮位、预报等级、冲击当量等信息，使用标准用语通知列检值班检车员或现场检车员，同时在《TPDS 踏面损伤处理信息表》栏中做好记录。

（3）预报信息时，按列车运行方向定位模式确定故障车轮，列车前进方向为前方，反之为后方；列车运行方向左侧 4 个车轮从前向后依次定义为左 1～左 4，右侧 4 个车轮从前向后依次定义为右 1～右 4。

标准用语：“××次（车次）、××道，××辆、机后××位，车号××运行品质不良/左（右）侧×位轮对损伤×级报警请检查确认。”

2. 报警车预报

1）预报标准

TPDS 动态检车员负责将 TPDS 中本地探测和联网推送的货车运行状态不良、货车车轮踏面损伤一级、二级、三级报警信息及车站值班员预报的超偏载信息向现场进行预报。

2）车轮踏面损伤报警

（1）列车终到 TPDS 复示站列检作业场时，TPDS 动态检车员用带录音的对讲机将车次、车号、辆序、轮位等通知现场检车员对预报轮位进行检查确认。

（2）列车不在 TPDS 复示站列检作业场停车技术检查时，TPDS 动态检车员用录音电话将车次、车号、辆序、轮位等通知停车技术检查作业场列检值班员，列检值班员向现场检车员进行预报并收集现场检查、处理情况。

3）TPDS 运行品质不良报警

（1）列车终到 TPDS 复示站列检作业场时，由 TPDS 动态检车员用带录音的对讲机将车次、车号、辆序等向列检值班员及现场检车员进行预报处理。

（2）列车不在 TPDS 复示站列检作业场停车技术检查时，由 TPDS 动态检车员用录音电话将车次、车号、辆序等通知所在作业场列检值班员，由列检值班员通过带录音功能的对讲机向现场检车员进行预报处理。

3. 报警车检查处置反馈

1）检查处理

列检值班员、现场检车员对报警车的处置要求按《动态检查作业要求》作业指导书中“货车超偏载、TPDS 预报标准及处置要求”执行。

2）故障反馈

（1）TPDS 复示站列检作业场的现场检车员将检查结果通过带录音功能的对讲机反馈给 TPDS 动态检车员。

（2）非复示站列检作业场的现场检车员将检查结果通过带录音功能的对讲机反馈给列检值班员，由列检值班员通过带录音功能的电话将相关信息反馈给 TPDS 动态检车员。

4. 报警信息回收

TPDS 动态检车员收到踏面损伤反馈信息后，对预报车辆故障信息进行复核、回复，及时将所收信息准确录入 TPDS（本地探测信息须在 10 h 内录入完毕，联网推送信息须在 4 h 内录入完毕），并完善《TPDS 踏面损伤处理信息表》。

对停车作业的列车，TPDS 动态检车员及时收集确认反馈故障信息，在过车信息窗口中选中报警车，单击“回填”选项，弹出“作业回填”界面。根据反馈信息，正确填写复核信息，数据填写完毕后，单击“保存”按钮，完成踏面损伤数据回填，并在《TPDS 踏面损伤处理信息表》完善相应的信息。

对不停车作业或未到达的列车，TPDS 动态检车员单击“回填”选项，弹出“作业回填”界面，在“到达情况”栏选择“直通或未到”后，单击“保存”按钮，并在《TPDS 踏面损伤处理信息表》“是否直通”一栏中填写“是”。

5. 设备异常处置

设备异常影响正常探测时，TPDS 动态检车员应立即通知列检值班员，由列检值班员通知现场检车员进行全面检查，同时 TPDS 动态检车员通知动态检测车间维修人员进行处理，并在《列检作业场班组交接记录簿》及《5T 设备检修、故障停机记录簿》中做好记录。

6. 作业完毕

TPDS 动态检车员作业完毕后将系统返回接车界面，等待接车。

任务 5.3　TPDS 探测站检修作业

任务描述

完成 TPDS 探测站的检修作业实训。

1. 环境与设备

TPDS 探测站或实训室。

2. 项目形式

实训。

3. 注意事项

严格遵守铁路企业安全规程。

4. 学习成果

工作任务单、多媒体汇报材料等。

学习资料

5.3.1 作业条件

在 TPDS 探测站或实训室开展检修作业。相关条件符合检修生产作业标准及法律法规的规定，劳动保护用品及设备符合相关要求。

检修作业地点：TPDS 探测站。

5.3.2 作业内容

清洁室内外设备，测量设备安装尺寸，紧固轨边设备，测量电气指标，检查两路电源、UPS 不间断电源及转换装置。

人员要求：持有相关证书的检测员或学习人员。

5.3.3 作业流程

见图 5.12。

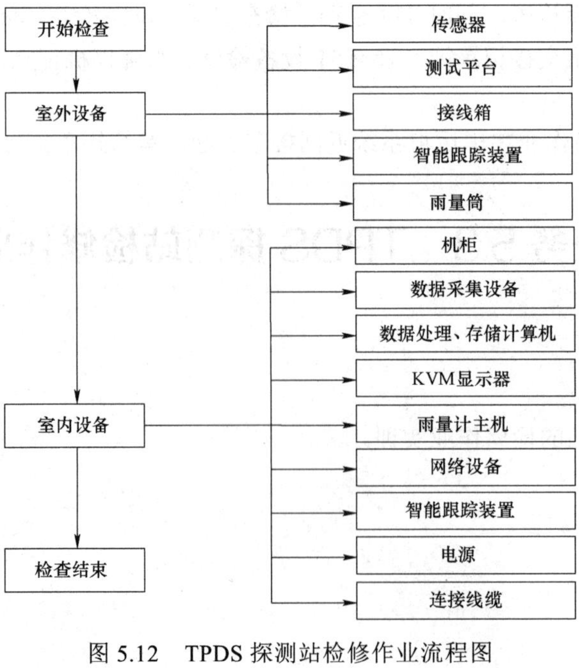

图 5.12　TPDS 探测站检修作业流程图

1. 作业前准备

（1）作业人员穿着统一带反光条的工作服、防护服，穿防滑鞋，携带防护证、口哨、安全防护袖标及对讲机等安全防护用品，并对对讲机进行呼叫试验及电量检查。

（2）检修组长明确检查重点、作业项目、作业分工、安全注意事项。

（3）高速铁路驻站联络员提前 1 h、普速铁路驻站联络员提前 40 min 到达车站运转室，与车站值班员核对天窗修计划并填写“运统－46”。向车辆段工作站报到。

（4）进入线路封闭网之前，驻站联络员与现场防护员进行远距离对讲机呼叫试验。

（5）驻站联络员接到车站给点通知确认可以上线作业后，驻站联络员使用标准用语呼叫现场防护员：“××线××区段，天窗点已开始，线路安全，可以上线。”

（6）现场防护员接到驻站联络员入网通知后，带领现场检修人员进入封闭网，沿着线下走向探测站。

（7）到达探测站后，现场检修作业人员应将手机放在探测站“手机存放处”，向车辆段工作站报到后严禁再次使用手机。

（8）现场检修人员利用探测站座机电话，使用标准用语（“路局集团公司监测站，×××段×××探测站维修工×××做双月检，防护人×××”，“车辆段工作站，×××探测站维修工×××做双月检，防护人×××”）向路局集团公司监测站、车辆段工作站报到，了解设备运行状态。

（9）在探测站检查工具齐全、仪器仪表状态良好。

（10）现场防护员到达防护位置，检查作业区域、行走通道有无影响作业的障碍物并及时清除，通知现场检修人员“线路安全，可以上道”后开始作业。

（11）驻站防护员和现场防护员之间在有来车信息时要及时联控，无来车信息也必须执行 3～5 min 联控制度。有来车信息时的联控用语为，驻站联络员：“××线××行方向来车，请立即下道避让。”现场防护员：“××线××行方向来车，立即下道避让，收到。”无来车信息时的联控用语为，驻站联络员：“线路无车通过，可继续作业。”现场防护员：“线路无车通过，可继续作业，收到。”

（12）防护中断应急处置措施。

防护中断主要是指驻站联络员与现场防护员联系中断，3 次分别是第一、第二次用对讲机（公网对讲机）联系，第三次用天翼手机（或手持机）联系，每次时间间隔 30 s，第一、第二次联系时应移动位置，站在相对高处。共分 5 种情况。

① 天窗点外作业无来车情况下，现场防护员主动与驻站联络员联系 3 次不畅时的处置措施：现场防护员立即督促现场维修人员停止作业、下道避车，人员和工器具撤离限界以外。

② 预报列车信息，驻站联络员与现场防护员联系 3 次不畅时的处置措施：驻站联络员立即拨打作业人员手机，做好下道避车准备，并让作业人员督促现场防护员调整站位，保证联控通畅。

③ 确报列车信息联系 3 次不畅时，驻站联络员与现场防护员联控不畅时的处置措施：当驻站联络员连续呼叫现场防护员 3 次，现场防护员无应答时，驻站联络员立即报告车站值班员，扣停列车（或列车以不超过 20 km/h、随时停车速度运行）。

④ 站内施工作业列车信息联系 3 次不畅时的处置措施：当驻站联络员连续呼叫现场防

护员 3 次，现场防护员无应答时，驻站联络员立即报告车站值班员，扣停列车（或列车以不超过 20 km/h、随时停车速度运行）。

⑤ 来车时，作业人员及工器具未及时下道时的处置措施：现场防护员要面向列车运行方向，密切注意列车运行动态，发现来车作业人员、工器具未及时下道时，现场防护员应急速奔向列车，展开红色信号旗（灯）或徒手显示停车信号，拦停列车。

2. 室外设备检查

1）检查板式传感器

（1）按照先左侧、后右侧顺序依次检查 12 只板式传感器。

（2）直观检查左侧 1、2、3、4、5、6 号板式传感器外观完好，无破损，用清洁布擦拭板式传感器上部保护罩，清洁无污物。

（3）直观检查左侧 1、2、3、4、5、6 号板式传感器与钢轨接触处绝缘胶块无窜出、无破损，传感器与钢轨间无砟石挤压。如有砟石挤压，用手清除。

（4）使用力矩扳手依次紧固左侧 1、2、3、4、5、6 号板式传感器固定螺栓、扣件弹条螺栓。将力矩扳手力矩调整为 588～637 N·m（60～65 kgf·m），当力矩扳手发出“嘎巴”声后表示固定螺栓已紧固。力矩扳手卡牢固定螺栓，防止用力过猛打滑，造成人员挤伤、摔倒。

（5）右侧 1、2、3、4、5、6 号板式传感器检修方法同左侧。

2）检查剪力传感器

（1）按照先左侧、后右侧顺序依次检查 8 对剪力传感器。

（2）直观检查左侧 1、2、3、4 号剪力传感器保护罩外观完好，无破损，用清洁布擦拭保护罩，清洁无污物。

（3）直观检查剪力传感器信号线保护管无破损，卡轨器不受砟石挤压。

（4）使用棘轮扳手卡住剪力传感器保护罩固定螺栓，左手扶住套筒扳手，右手顺时针紧固。

（5）剪力传感器定位无移动。使用卷尺一头挂住左侧 1 号剪力传感器保护罩侧面，顺线路方向拉至同股钢轨相邻左侧 2 号剪力传感器保护罩侧面（与相邻传感器一侧），读出相邻两传感器间距［（1 600±5）mm）］。左侧 2 号与 3 号、3 号与 4 号剪力传感器间距测量方法同左侧 1 号与 2 号一致。

3）检查磁钢及磁钢安装卡具

（1）直观检查磁钢外观无破损，使用 17 mm 呆扳手依次卡住 2#、3#磁钢 2 条安装螺栓螺母及备母，顺时针方向紧固。使用清洁布擦拭 2#、3#磁钢表面和四周，清洁无铁屑，磁钢托架表面清洁。磁钢破损时更换。

（2）使用磁钢测量尺，测量 2#、3#磁钢外沿与钢轨内侧距离。将磁钢测量尺水平密贴在 2#、3# 磁钢顶面，向钢轨内侧推动，测量尺立面与钢轨内侧面密贴，目光垂直于测量尺端头刻度尺，分别读取 2#、3# 磁钢外沿对应的刻度值，满足 88 mm。

（3）使用磁钢测量尺，测量 2#、3#磁钢顶面距钢轨面距离。将磁钢测量尺水平密贴在 2#、3# 磁钢顶面，向钢轨内侧推动，测量尺立面与钢轨内侧面密贴，另一水平面与钢轨顶面密贴，满足（37±2）mm。

（4）使用磁钢测量尺，测量 2#、3#磁钢中心距离。将磁钢测量尺水平密贴在 2#、3# 磁钢顶面，端头与 2#磁钢左端面对齐，目光垂直测量尺纵向刻度尺，读取 3#磁钢左端面对应的刻度值，满足（280±2）mm。

（5）用清洁布擦拭 1#磁钢，直观检查磁钢外观无破损，安装螺栓紧固。磁钢破损时更换。

（6）直观检查磁钢电缆线护管良好，无断裂。护管断裂时更换。

（7）使用磁钢测量尺按照测量 2#、3#磁钢安装尺寸的方法测量 1#磁钢安装尺寸，外沿距钢轨内侧距离满足 88 mm；磁钢顶面距钢轨面距离满足（37±2）mm。

（8）用 450 mm 扳手卡住 1#磁钢卡具螺栓，顺时针方向紧固。严禁用脚蹬扳手力臂，防止用力过猛挤伤、摔倒。

（9）使用毛刷清扫 1#磁钢接线端子盒内部。

4）测量磁钢技术指标（使用磁钢检测仪）

（1）测量输出幅值。打开 1#磁钢信号电缆线头，将磁钢检测仪触发磁头放置在被测磁钢顶部，检测仪红测试夹与磁钢正极连接，黑测试夹与磁钢负极连接，保持绝缘良好，按“输出幅值”测试键，读取数码管显示的该磁钢输出幅值，满足（14±1）V。2#、3#、4#磁钢按同样方法检测。

（2）测量磁钢绝缘电阻值。打开 1#磁钢信号电缆线头，将磁钢正负极短接后接红测试夹，黑测试夹接钢轨或磁钢外壳，按“绝缘电阻”测试键，读取数码管显示该磁钢的绝缘电阻，应大于 200 MΩ。2#、3#、4#磁钢按同样方法检测。

5）检查高压胶管

（1）直观检查高压胶管、法兰盘外观无破损，用清洁布擦拭干净。

（2）用润滑黄油油润高压胶管接头。

6）检修接线箱

（1）直观检查接线箱外观无破损，油漆良好，用清洁布擦拭分线箱表面及四周直至清洁。

（2）用钥匙开启分线箱锁，双手翻开箱盖，开启灵活，直观检查密封条良好，箱内无积水。

（3）用毛刷清扫分线箱内灰尘，内部清洁。

（4）用平口螺丝刀顺时针方向旋转紧固各接线螺母。

（5）关闭箱盖，锁闭分线箱。

7）检修智能跟踪装置

（1）用清洁布擦拭天线及防护罩，直观检查外观无破损、变形，上盖防水作用良好。

（2）使用扳手，分别卡住卡具安装架螺栓，顺时针方向紧固，无锈蚀。使用扳手检查护管接头紧固，同轴电缆接头无松动。

（3）检修人员使用尖嘴钳手把轻敲击 1#磁钢 4 下，打开天线。

（4）将微波场强仪置于室外天线上方高度 1 m 位置，沿来车和去车方向水平缓慢移动，观察智能跟踪箱接收指示灯或微波场强仪显示读取状态，用钢卷尺测量出天线最大读取范围，符合≥1.2 m 标准。

8）检查雨量筒

（1）使用清洁布清扫雨量筒箱体外部表面污物。

（2）使用十字口螺丝刀逆时针旋转卸下雨量筒，用毛刷清扫雨量筒内部，清洁无杂物。

（3）用手拨动雨量筒内翻斗，翻转灵活。

（4）检查雨量筒信号线连接牢固。

3. 室内设备检查

1）检查机柜

（1）使用毛刷清扫箱体内外部灰尘。

（2）直观检查风扇转动，扇叶转动均匀，无擦片声。

2）检查测试工控机

（1）直观检查工控机箱体表面无破损，用清洁布擦拭箱体表面灰尘，用毛刷清扫箱体内部灰尘。检查风扇，目视风扇转动，扇叶转动均匀，无擦片声。

（2）右手握住显示器前面板手把将显示器从机柜滑道拉出。用清洁布擦拭箱体表面灰尘。右手拇指将显示器前面板锁闭开关向右拨动，左手握住显示器前面板手把提起，打开显示器上面板与下面板，成 90° 夹角，用毛刷清扫显示器上面板、下面板（键盘、鼠标）灰尘。

（3）打开显示器电源按钮，目测显示器清晰，用手操作键盘各功能键，功能可靠，鼠标工作正常。状态不正常则检查后面板连线是否插接牢固。

（4）用鼠标调阅监测软件，应运行正常，无异常报文信息。

（5）直观检查监测软件中板式传感器零点值范围介于−6 000～10 000，零点值超标可通过调整数据采集仪到正常状态。

（6）目视监测软件中剪力传感器零点值范围介于−13 000～17 000，零点值超标可通过调整数据采集仪到正常状态。

（7）目视显示器右下方任务栏中是否显示图标，车号接收软件 TPCps 运行正常。单击鼠标进入主机 C:\CPS\PREP\目录下查看 Daei.dat，正确接收车号数据信息。

3）检查测点服务器

用右手在 2 s 内连续按显示器键盘中 ScrollLock 键两下，按数字键 2（选择测点服务器与显示器所对应的端口编号 2），目测测点服务器监测软件工作状态正常，无异常报文信息。

4）检查数据采集仪

（1）直观检查数据采集仪表面无破损，使用毛刷清扫箱体表面灰尘。

（2）直观检查数据采集仪前面板各信号指示灯显示正常。

（3）零点漂移超标时，使用 1.8 mm 平口钟表螺丝刀插入数据采集仪前面板与传感器编号对应的剪力（压力、水平力）的电位器调整孔。根据显示器中显示的零点漂移值，用手顺时针旋转平口钟表螺丝刀则零点漂移值变大，逆时针旋转则零点漂移值变小，将通道信号零漂调整在允许范围内。

5）检查雨量计主机

（1）直观检查雨量计主机表面无破损，用清洁布擦拭箱体表面灰尘。

（2）直观检查雨量计主机液晶显示屏显示状态正常。

6）检查网络设备

（1）用毛刷清扫光纤收发器、网络交换机表面灰尘。

（2）查看 MODEM 指示灯显示状态，目视 MODEM 状态指示灯 POWER 灯常亮，LINK 灯常亮，ACT 灯闪亮。

（3）查看网络交换机指示灯显示状态，目视网络交换机指示灯 PWR 灯常亮，使用的 RJ45 端口对应的指示灯快速闪亮。

（4）用“ping”命令测试网络畅通。在测点工控机主机上用鼠标单击任务栏“开始”→“运行”，在弹出的运行窗口中输入“ping　空格键　指定 IP 地址　空格键　t”命令。通道能 ping 通说明网络畅通，ping 不通则通知通信部门处理。

7）检查车号主机箱

（1）用毛刷清扫车号箱表面灰尘。

（2）直观检查各工作指示灯状态正常，通信灯闪烁状态正常。

（3）直观检查车号主机箱后面板天线同轴电缆接头接触牢固、可靠。若接头松动用扳手顺时针方向紧固同轴电缆接头。

8）检查各连接线缆

（1）用毛刷清扫后面板表面灰尘。

（2）用螺丝刀顺时针紧固后面板各串口固定螺丝，用手检查接线缆、电源插头与插座连接牢固。

9）检查两路电源转换

（1）将万用表设置在大于 AC 200 V 挡位，红色表笔测量交流主用电源输入 L 端子处，黑色表笔测量主用电源输入 N 端子处，交流电压值满足 176～253 V 范围，超限时报车辆段工作站通知供电部门调整。同样方法测量备用电源电压值。测量电压时，身体各部不能接触电线和端子金属部位。

（2）打开电源进户配电箱门，关闭主用电源开关，转换到备用电源；开启主用电源，电源转换到主用电源。电源转换期间设备运行正常。关闭和开启主用电源开关时，不能接触电线和端子金属部位。

10）检测 UPS 不间断电源

（1）使用毛刷清扫箱体外部灰尘。

（2）直观检查 UPS 电源主机无异常声响、杂声。

（3）直观检查 UPS 电源主机显示器（指示灯）显示正常，主控开关工作位置正常。

（4）检查输入输出接线端各端子无松动、无烧焦。紧固必须断电后进行，严禁带电操作。

（5）将万用表设置在大于 AC 200 V 挡位，红色表笔测量交流电源输入 L 端子处，黑色表笔测量主用电源输入 N 端子处，交流电压值满足 AC 220 V（1±20%）的范围。

（6）打开电源进户配电箱门，关闭电源开关进行逆变试验，电池逆变正常供电；恢复电网输入，在线式逆变器工作正常。

（7）打开电池柜，检查电池无变形，端子无溢酸腐蚀，电池连线无松动，无腐蚀。

11）检查电源防雷箱

（1）使用毛刷清扫电源防雷箱箱体表面及内部灰尘。清扫时身体各部不能接触电线和端子金属部位，避免触电。

（2）检查箱体内部各接线端子无脱落，无金属裸露。

（3）检查防雷计数器屏幕，读取读数，当计数值大于上次检修计数值时，使用电涌保护器检测仪检测，损坏需更换。

（4）检查电涌防雷模块外观无异常、无烧灼痕迹，防雷器件状态显示窗口无变红。发现异常时用电涌保护器检测仪检测，损坏需更换。

12）检查信号防雷箱

（1）使用毛刷清扫箱体内外部灰尘。

（2）顺时针方向紧固接线端子螺丝，各连接处连接紧固。

（3）检查信号防雷模块外观无异常、无烧灼痕迹。发现异常时用电涌保护器检测仪检测，损坏需更换。

13）检测地线

（1）检查地线接线端子连接紧固，接触良好，无锈蚀，无松动。

（2）将试电笔测试头接触机壳金属部位，拇指压住试电笔尾部金属体，观察试电笔氖管不亮，机壳不带电。

4. 完工整理

1）观察设备状态

观察测点工控机屏幕显示的监测软件运行正常。拨打列检复示电话，询问列检复示值班员设备状态信息，与值班员共同确认设备正常，无故障，无自检信息。

2）定置整理

（1）清点工具、仪器仪表，进行清洁保养，按定置管理要求放置到工具柜内。发现作用不良工具或即将到期的仪器仪表带回班组，及时送车间更换。

（2）撤销防护。清点工具完毕后，通知现场防护员“作业完毕撤销防护”，现场防护员答复“作业完毕撤销防护，明白”。

3）信息记录

（1）将检测结果用黑色签字笔填写在《车辆运行品质轨边动态监测系统（TPDS）探测站双月检记录簿》相应检修记录栏中。

（2）发生设备故障时，在《5T及AEI设备临修记录簿》上按照项目详细、准确记录。

（3）填错的用红色笔画杠后，另起一行填写，严禁涂改、销毁。

4）打扫室内卫生

进行室内卫生清洁。

5. 电话报离

（1）用探测站路电拨打车辆段工作站、路局集团公司监测站电话，共同确认设备正常，经同意后报离。

（2）确认报离后，从探测站“手机存放处”取回手机，并携带好随身物品，离开探测站。

（3）现场检修人员与现场防护员离开封闭网之后，现场防护员使用标准用语通知驻站联络员：“驻站联络员×××，检修人员与本人已确认安全离开线路封闭网。”

（4）驻站联络员确认现场人员安全离开线路封闭网后，在车站天窗给点时间结束后，在车站运转室办理“运统-46”销记手续，完成后向段工作站报离后离开。

6. 安全风险提示

（1）禁止饮酒上岗，班前、班中严禁饮酒（红线规定）。

（2）检修作业必须全部在“天窗点”内进行。

（3）驻站（调度所）联络员或现场防护员不得临时调换，施工和维修作业必须在维修和防护人员全部到位后，方可进行。

（4）现场防护人员严禁靠近作业点，与作业人员聊天、参与作业，必须集中精力进行防护，做好与作业人员的呼唤应答。

（5）作业人员和防护人员要严格执行“一线来车，双线下道”的人身安全规定，在来车避让时，必须下到股道以外，严禁在两轨道间避让。

（6）驻站防护员和现场防护员之间在有来车信息时要及时联控，无来车信息也必须执行3～5 min 联控制度。

（7）所有作业人员、防护人员严禁携带手机上道作业，上道前手机必须存放在室内，禁止在股道上接听或拨打手机。

（8）室外设备无“松、垮、脱”现象。

（9）设备各项技术指标符合要求。

项目检验与评价

可参考以下内容进行实训考核。

实训　TPDS 设备检修作业流程考核

实训内容	TPDS 设备检修作业流程
实训目标	1. 掌握 TPDS 设备检修作业过程 2. 培养遵章守纪、重视安全的行业素养
实训要求	注意遵章守纪，不得触碰安全红线
实训项目	1. TPDS 检修员上线前准备工作（25%）
	2. TPDS 检修员室外设备巡检（25%）
	3. TPDS 检修员室内设备巡检（25%）
	4. TPDS 检修员检修结束工作（25%）
实训评价	自我评价：
	教师与企业导师评价：
特别说明	检修过程中触碰“安全红线”，本实训成绩直接为 0 分！

项目 6

客车故障轨边图像检测系统

项目描述

随着客车装备的不断发展，各路局集团公司管内客运量加大，客车编组站减少，交路延长，使列检保证区段随之延长，责任范围变大。同时，车站站台高度的提升，新型客车隐蔽部件增多，列车开行密度加大，列车检查难度不断提升，使得铁路客车运行安全监控面临极大困难。传统的以人工手检为主的列检方式容易造成漏检，检车作业质量和效率难以得到保证。

为解决上述问题，铁路部门提出了在旅客列车进站前的运行线路上使用高速摄像机，将与车辆运行安全有直接关系的车钩连接装置、转向架、制动装置、车底悬吊装置等部件拍摄下来，利用计算机图像处理功能将各部件拼接成一幅完整的图像，提供给列检检车员浏览。从而通过查看图像信息，及时发现列车故障，这个系统就是客车故障轨边图像检测系统（TVDS）。

图 6.1　TVDS 室外设备

如图 6.1 所示，TVDS 是利用高速摄像、计算机快速处理技术，对运行客车转向架、钩缓装置、车下悬吊装置等客车车体底部及侧下部安全关键部位进行图像动态采集的系统。

学习目标

1. 掌握 TVDS 的构成及检测原理
2. 学会 TVDS 的检测作业
3. 能进行 TVDS 探测站日常检修

任务 6.1　TVDS 认知

任务描述

了解 TVDS 总体并解决以下问题：

（1）TVDS 的基本构成；

（2）TVDS 对设备的要求。

学习资料

6.1.1　TVDS 简介

TVDS 是一套集高速图像采集技术、大容量图像数据实时处理技术、精确定位技术、图像自动识别技术和自动控制技术于一体的智能化、网络化和信息化系统，能对客车隐蔽和常见故障进行动态检测。

系统通过布置于钢轨之间的高速相机阵列和 AEI 设备，能精确捕捉通过列车的一系列相关信息，包括过车信息、车辆位置信息、车辆轴距信息、车号信息、图像信息。这些信息经数字化处理后显示于监视器上，可以实现对整车车底和侧下部的检测和进行故障自动识别。室内检测员对采集的图像通过人机结合的方式进行分析，关键部件故障计算机自动识别，发现故障及时向列检值班员汇报，通知室外检车员进行处理，可预防车钩分离，制动闸件脱落，摇枕、侧架、基础制动装置发生裂折等危及行车安全的故障，有效缩短了技检时间，提高了车辆的检修质量，减轻了检车员的劳动强度，保证了货物列车安全运行。该系统实现了过车信息、故障及其图像、检修处理信息和车辆部件图像等数据的精确采集和及时上报。

TVDS 作为铁路客车运用安全技术装备，在铁路客车安全防范系统中扮演着越来越重要的角色，并且在运用过程中根据实际要求不断进行创新和完善。目前 TVDS 以客列检和库列检为主要作业场所，按客列检、库列检作业点的分布，系统操作终端各自独立作业，对进入本作业场所的客车或者动车进行动态检查作业。现有 TVDS 因其技术特点的要求，动态检车作业和班组管理方面尚不成熟，存在着未识别列车、手动派工、网络传输、设备故障、故障错报漏报等问题。结合目前系统的应用状况，急需一套将各个分散作业点的客车车辆信息通过现有的铁路网进行数据集中、分析、汇总，实时掌握局管段内的客车车辆故障信息及运行情况，有助于决策层的决策制定及数据分析。

TVDS 作业机控自动化结构研制完成后，在现场进行了效果应用，操作效果良好，问题率得到很好的优化，问题率控制到了 1%。使用这种 TVDS 作业机控自动化结构能够较好地提高作业效率，提高了问题的发现率，可以很好地及时解决问题。每年可以节省故障解决不及时引起的成本消耗，具有很好的效益。

TVDS 是一种智能化车检技术，已被广泛应用于我国铁路安全管理之中，但受种种主客观原因所限，该系统功效尚未得到最大程度的发挥。管理者应树立科学管理意识，发掘人力资本的潜力，完善细节，提高整个检测站点的效用。

6.1.2 TVDS 设备要求

设立国铁集团、路局集团公司、车辆段 TVDS 三级监控平台，实现客车安全监控业务的联网运行。统一各型 TVDS 设备数据接口，统一应用界面，应用功能满足动态检车室对所辖设备及作业人员的集中作业、集中派工、集中管理要求，满足 TVDS 故障提报及处理作业流程的规范化管理需求。与外部系统设立接口，实现客车配属、交路、编组、技术等信息的共享，以及故障、检修等数据的传递，将监控与检修业务有机结合，实现 TVDS 故障信息的有效复核及闭环管理。

TVDS 组成包括探测站设备、车辆段动态检车中心设备、路局集团公司监控中心设备、国铁集团查询中心设备及网络传输设备等，是铁路车辆安全防范预警系统地对车安全监控体系（5T 系统）中货车运行故障动态图像检测系统（TFDS）的重要扩展。TVDS 整体架构如图 6.2 所示。

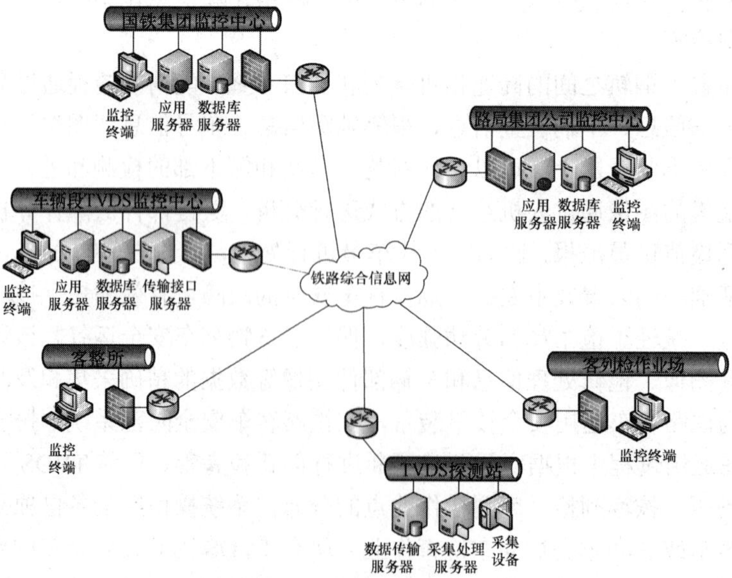

图 6.2　TVDS 整体架构

1. 网络带宽需求

轨边设备与探测站间需要实时传输高清监控图像数据，为保证高清监控数据的传输质量，通过专用光纤连接。

探测站与动态检车室之间需要实时传输高清监控图像数据、过车信息、设备状态信息，为有效保障各探测站的传输质量，每探测站至动态检车室之间独占 8 Mbps 带宽，动态检车室接入总带宽为 8 Mbps×N，N 为站数。

2. 系统设计要求

动态检车室与客列检/客整所、路局集团公司、国铁集团之间主要传输过车信息、经过人工发现故障信息、设备状态信息和部分监控反查信息，传输带宽为 8 Mbps。

国铁集团：信息汇总转发、统计分析、规律总结及工作指导。

路局集团公司：信息汇总上报、查询统计分析。

动态检车室：集中监控、人工分析、故障上报及业务管理。

客列检/客整所：故障信息现场复核及处理、复核检修信息回填上报。

轨边探测站：采集高清监控图像、车辆信息并汇总上报。

6.1.3 系统主要功能与技术特点

线扫描 TVDS 是基于 TFDS－3 型设备成熟的线阵扫描技术和红外线性激光光源技术经过进一步改进发展而来，集广角拍摄技术，大容量图像数据实时处理技术和精确定位技术，图像识别技术，智能化、网络化和信息化技术，自动控制技术于一体，对列车底部、侧面下部、车号部分等进行动态图像检测，实现过车信息、故障及其图像、检修处理信息和车辆部件图像等数据的精确采集和及时上报，检车员可以通过查看图像信息及时发现列车故障。

1. 主要功能

（1）能够采集钩缓配件、制动配件、底架、转向架、车体侧下部等客车可视部位外观图像。

（2）能够自动识别车辆车号，建立车辆部件图像与车号的对应关系。

（3）图片采集后立即存入服务器，当列车通过探测站时即可立即进行图片浏览。

（4）可对采集图像进行浏览、放大、亮度控制、对比度控制等操作，能够对细小部件进行多级放大显示。

（5）能够显示获得列车的通过时间、编组辆数、平均速度、车号信息等。

（6）提供故障标记工具，用于在故障部位准确标注，并在故障图片中显示出车次、车号、图片部位、标记时间、标记人、故障名称等信息，便于故障图片的管理和通知现场对故障的准确定位和处理。

（7）能够打印故障部位图像、车次、车号、车速、总辆数、辆序、通过时间、处理结果等相应报表。

（8）采用 B/S 结构，各级部门通过网页即可实时浏览列车各部位图像，对系统采集的数据进行查询、分析和统计。

（9）软件预留故障识别接口，为今后故障图像的自动识别提供条件。

（10）抗沙尘雨雪及阳光干扰功能。

2. 技术特点

（1）采用线阵相机作为拍摄单元，拍摄图像完整连续，无拼接。

（2）采用红外线性激光光源，能量集中，白天与夜间拍摄的图片基本一致，抗阳光干扰效果更加理想。

（3）底部采用一个线阵相机拍摄整个客车底部，各个方向上拍摄的图像均无拼接，更有利于图像自动识别，同时减少旅客列车排污口对相机的污染，减轻了设备维护工作量，提高了图像采集的质量。

（4）丢窜图影响更小。

（5）采用图像识别技术，可自动识别出车号信息。

（6）箱体保护门采用窄缝取景方式，受沙尘雨雪等环境影响小。

3. 技术参数

1）硬件技术参数

（1）适应车速：0～160 km/h。

（2）保护门开启、关闭反应时间：≤2 s。

（3）补偿光源开启、关闭响应时间：≤1 s。

（4）摄像机：高速工业线阵相机 4 台。

（5）分辨率：侧部图像≥1 024 像素/线。
底部图像≥2 048 像素/线。

（6）补偿光源：红外线性激光光源 4 台，绿色激光光源 1 台。

（7）控制方式：使用车轮传感器 4 台。

（8）服务器：采用双机备份服务器。

（9）图像采集计算机：工业计算机 2 台。

（10）车辆信息采集计算机：工业计算机 1 台。

（11）列检终端计算机：台式计算机 5 台。

（12）存储容量：故障检测原始数字信息及故障图像在 TVDS 内保存不少于 2 年，其他图像信息保存不少于 30 日。

（13）工作环境：室外 40～70 ℃，室内 −20～60 ℃。

（14）用电容量：探测站轨边机房用电总容量≤8 kW，中心机房用电总容量≤6 kW。

（15）探测站地线设置：探测站具有综合防雷设施，防雷接地电阻小于 4 Ω。

2）软件技术指标

（1）系统能自动计轴、计辆，计轴误差小于 3×10^{-6}，计辆误差小于 3×10^{-5}。

（2）系统能自动测量车速，正常行驶过程中测量速度误差不超过±0.5 km/h。

（3）系统具有车号图像自动识别功能，车号识别率大于 99%。

（4）系统采用 Oracle8i 及以上版本数据库存储数据信息。

（5）图片统一采用 JPG 格式存储。

（6）列车通过探测站后，10 s 内软件界面即能浏览列车信息。

6.1.4　系统组成

如图 6.3 所示，线扫描 TVDS 主要由轨边设备、探测站设备和列检中心设备三部分构成。

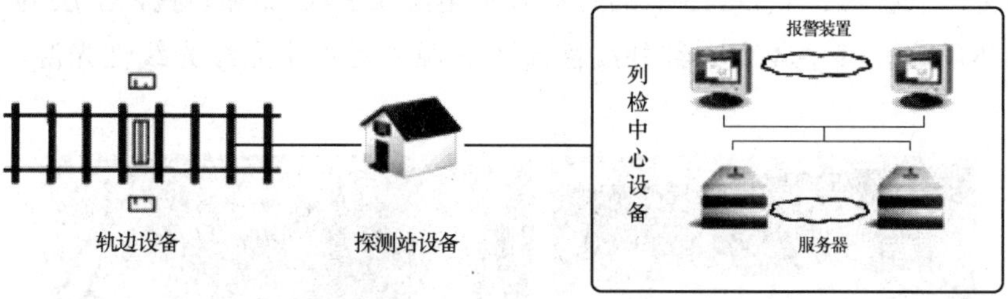

图 6.3　TVDS 系统构成

1. 轨边设备

如图 6.4 所示，轨边设备主要部件包括：线阵相机、激光光源、沉箱、侧箱、分线箱、车轮传感器、AEI 室外天线和监控设备等。

图 6.4　轨边设备实物图

1）沉箱、侧箱

沉箱及侧箱内装有相机保护盒、除尘风机等。每个相机盒内装有一台线阵相机及一套光源镜头，每个相机盒（见图 6.5）外部配有除尘风机一套。

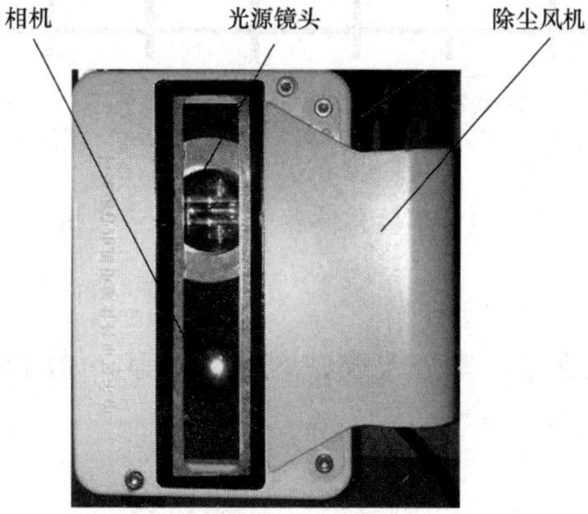

图 6.5　相机盒

2）分线箱

分线箱（见图 6.6）内装有 4 台线性光源驱动电源，光源发出的光经光纤耦合传送至相机盒内的光源镜头。分线箱主要用于摆放补偿光源、穿接光纤及轨边配套电缆。分线箱分为上、下两层，下层为 3 个 DC15 V 的直流开关电源及 PTC 加热装置，上层为 5 个补偿光源和 2 个散热风扇，其中 4 个为红外线性激光光源，另 1 个为绿光线性光源。

(a)分线箱下层(部分)　(b)分线箱上层(部分)

图 6.6　分线箱

3）车轮传感器

车轮传感器安装于钢轨非回流侧上，安装尺寸示意图如图 6.7 所示。

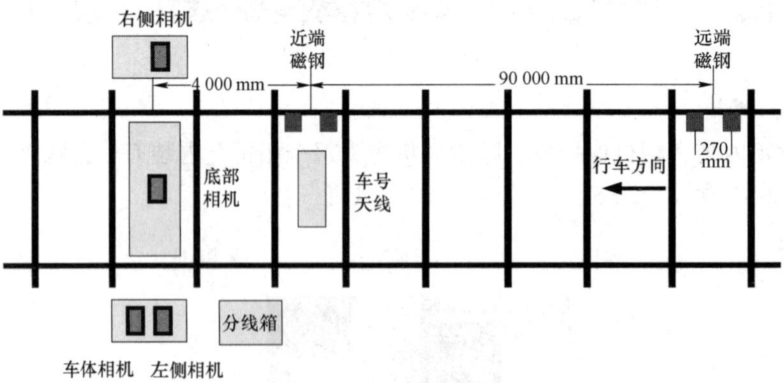

图 6.7　车轮传感器安装尺寸示意图

4）AEI 室外设备

AEI 室外设备包括安装支架、室外天线、同轴电缆等，如图 6.8 所示。

图 6.8　AEI 室外设备

5）监控设备

监控设备安装于轨边探测站机房上，采用网络一体摄像机，监控设备现场情况，用户可远程查看设备现场视频图像。高速图像采集设备由工业线阵相机、镜头及光源镜头三部分组成，其中工业线阵相机主要完成对运行中的列车扫描拍摄；光源镜头配合红外线性激光光源为线阵相机提供稳定拍摄所需的光源，如图 6.9 所示。

图 6.9　监控设备

6）车轮传感器（磁钢组）

车轮传感器又称为磁钢，其作用是用来检测列车的到达和通过，同时采集列车的车速、轴距等信息。

KG50 型高精度车轮传感器，是采用先进的传感器技术及信号处理技术等多项新技术开发的车轮检测传感器。KG50 型高精度车轮传感器是列车通过时的计轴、计辆、测速装置，是车辆在线监测、检测设备的重要组成部分，如图 6.10 所示。

图 6.10　KG50 型高精度车轮传感器

KG50 型高精度车轮传感器是基于电涡流式传感器原理设计的，先进的传感器技术及信号处理技术使得该传感器的响应频率高达 200 Hz，因此该传感器的速度响应大于 360 km/h。

有源车轮传感器传输的磁钢信号为电平信号，区别于无源车轮传感器的正弦信号，可以直接被计算机所识别，免去智能磁钢板处理的过程。

有源车轮传感器参数：

（1）设备速度响应范围：0～360 km/h。

（2）用于计轴时，计轴相对误差应不大于 1×10^{-6}；用于测速时，测速误差应不大于 0.5%。

（3）最大响应距离 50 mm。

（4）设备供电电压 12 V±0.5 V，输出信号为方波脉冲，脉冲宽度取决于传感器上方有无金属，信号电压高电平 11 V±0.5 V，低电平小于 0.5 V，驱动能力不小于 50 mA（输出电流）。

（5）采用线芯直径为 1.0 mm 的信号电缆传输时，信号传输距离不小于 1 km。

（6）车轮传感器的引出线对机壳正常绝缘电阻不小于 100 MΩ，潮湿绝缘电阻不小于 1.5 MΩ。

（7）车轮传感器的引出线对机壳的耐压，应能承受正弦波 50 Hz、250 V 的有效值电压，历时 1 min，无击穿闪络现象。

（8）适应 43 kg/m、50 kg/m、60 kg/m、75 kg/m 钢轨类型。

（9）允许钢轨垂直磨耗和轨头侧面磨耗量应符合规定的站线钢轨重伤标准。

（10）适应轮径为 840～1 750 mm、轮缘高度为 25～34 mm、轮缘宽度为 32 mm 的车轮。允许踏面圆周最大磨耗 8 mm，轮缘高度最大磨耗 15 mm，轮缘宽度最大磨耗 9 mm，轮缘内侧最大缺损长 30 mm、宽 10 mm。

（11）适应直线段线路和曲率半径不小于 180 m 的曲线段线路。

7）除尘风机

如图 6.11 所示，除尘风机主要用于清理相机盒玻璃遗留的异物，如灰尘、雨雪等，保证相机可以在恶劣的室外环境中正常工作。

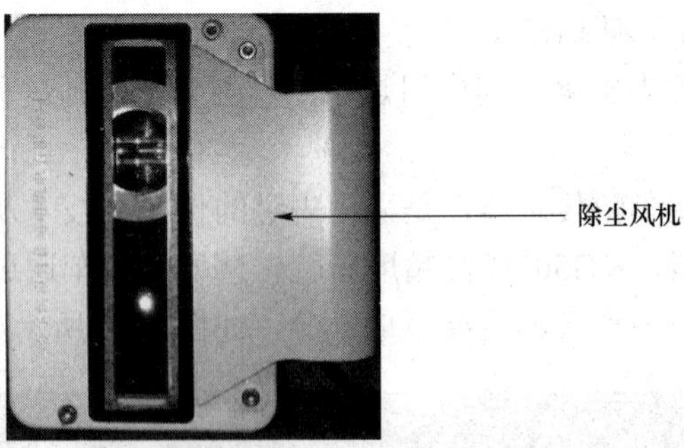

图 6.11　除尘风机

2. 探测站设备

探测站设备主要包括图像采集计算机、车辆信息采集计算机、工控机板卡接线箱、AEI 主机、控制箱、信号防雷和网络设备等，以上设备共同安装于一个控制机柜内。

1）控制机柜

布局见图 6.12。

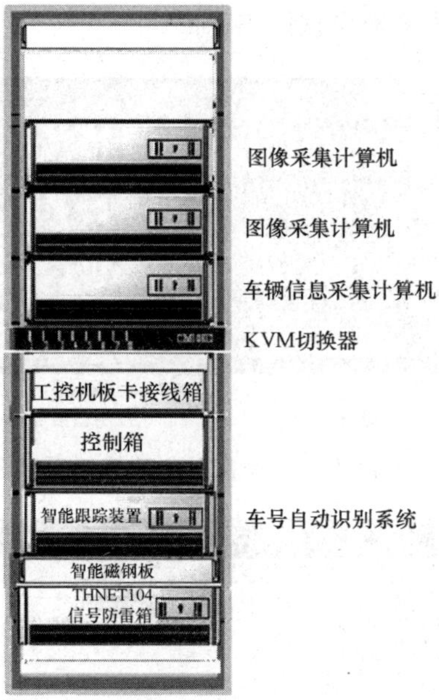

图 6.12　控制机柜布局图

2）图像采集计算机

总计 2 台，每台计算机通过千兆网连接 2 个线阵相机，计算机采用工控机，工控机安装图像采集软件，用来采集相机拍摄的图像并存储至服务器。图 6.13 为图像采集软件主界面。

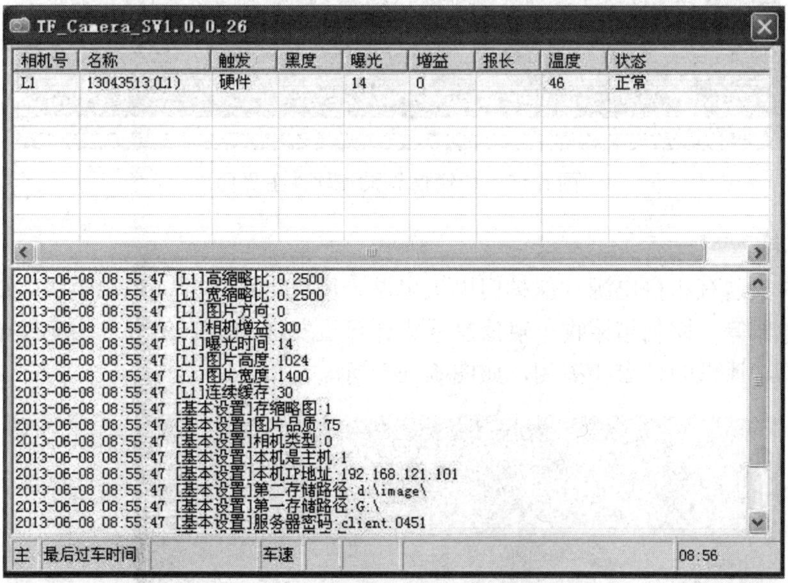

图 6.13　图像采集软件主界面

3）车辆信息采集计算机

采用 1 台工控机，内置控制板卡，用来完成对相机、保护门、光源、除尘风机、AEI 设备等的控制，工控机安装车辆信息采集软件，是系统的主控部分。图 6.14 为车辆信息采集计算机后视图，图 6.15 为车辆信息采集软件主界面。

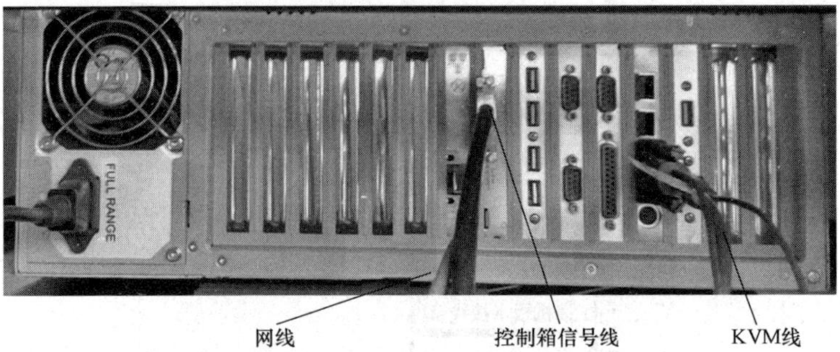

图 6.14　车辆信息采集计算机后视图

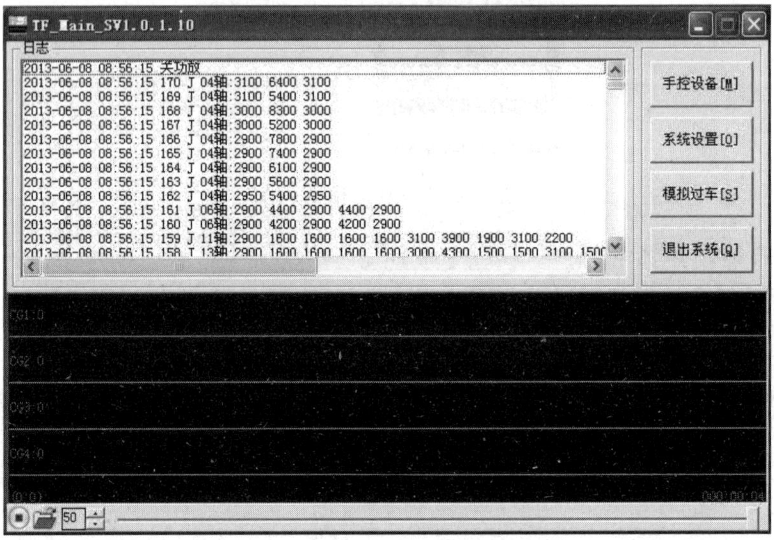

图 6.15　车辆信息采集软件主界面

4）控制箱

控制箱内安装有相机电源、保护门电机电源、风机电源等开关电源模块，以及保护门、风机控制继电器等。控制箱接收车辆信息采集计算机发送的控制信号，相应继电器动作，用来控制保护门、风机的开启和关闭，如图 6.16 所示。

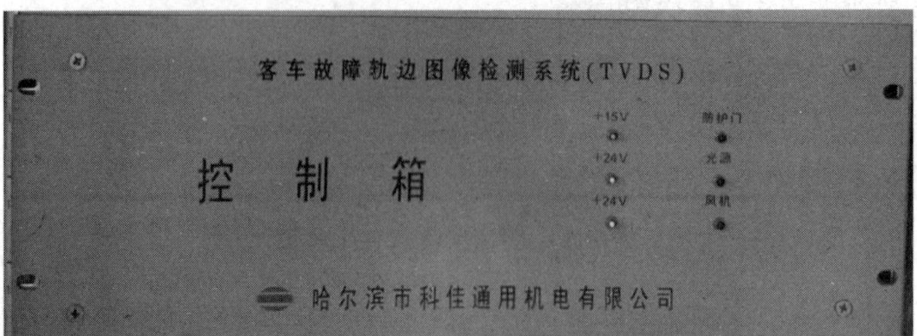

图 6.16　控制箱

5）车号自动识别系统

车号自动识别系统对通过列车的标签信息进行采集，并将标签信息上传至网络服务器。车号自动识别装置如图 6.17 所示。

图 6.17　车号自动识别装置

3. 列检中心设备

列检中心设备主要包括双机热备服务器、磁盘阵列柜、浏览计算机、网络设备等，除浏览计算机外，所有设备共同安装于服务器机柜内。

1）服务器机柜

布局见图 6.18。

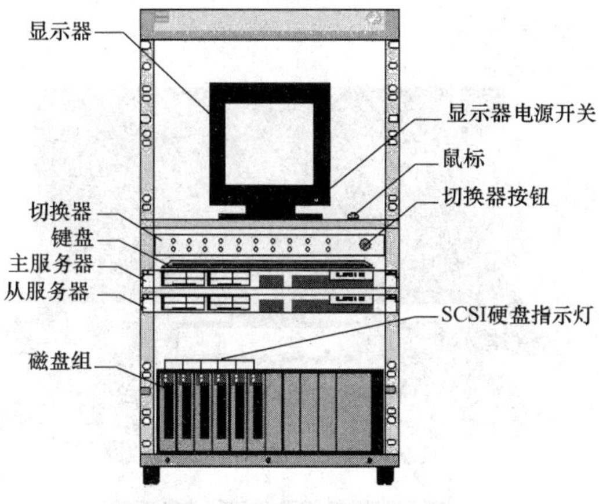

图 6.18　服务器机柜布局图

2）服务器及磁盘阵列

主要用来存储探测站采集的列车图像信息、车辆信息、列检检测中心检测的故障信息、检车员工作信息等。服务器设备采用双机热备，保证系统在出现故障时可实时切换，数据可恢复。二者如图 6.19、图 6.20 所示。

图 6.19　服务器

图 6.20　磁盘阵列

3）浏览计算机

检车员在浏览计算机上通过运用平台软件进行检车作业，主要用来显示车辆图片，进行故障信息的存储、查询、统计、打印，自动生成列检常用的工作报表和台账等。

6.1.5　工作过程

TVDS 探测站设备是利用轨边图像采集装置采集传输列车车体底部、侧下部、连接装置、转向架、车体顶部（动态本属作业，在客整所的入口处可选安装）等可视部位图像，采用线阵图像采集，实现对列车可视部件状态监控，供分析人员、检车人员查看。TVDS 工作原理如图 6.21 所示。

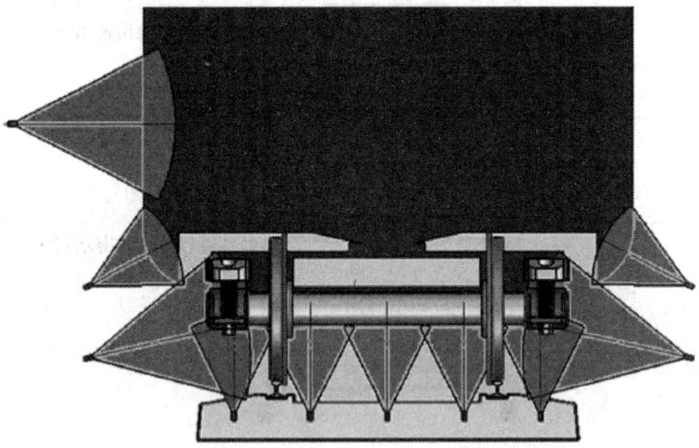

图 6.21　TVDS 工作原理

1. 图像采集

列车底部图像采用 3 台高速线阵扫描相机进行拍摄，侧部图像采用 2 台高速线阵扫描相机进行拍摄，能够连续拍摄运行列车钩缓配件、制动配件、底架、转向架、车体侧下部等可视部位外观图像，实现拍摄图像的无缝拼接。

2. 车号识别索引

系统配备 AEI 设备，能够实现车号与车次的自动索引，建立车辆部件图像与车号的对应关系。

3. 图像实时传输

图片采集后立即存入服务器，保证图像数据的完整，便于图像数据集中管理。当列车通过探测站后，在规定时间内即可进行图片浏览。

4. 图像浏览、调整

系统具备采集图像的显示浏览及图像调整功能，可对采集图像进行放大、亮度控制、对比度控制等操作，能够对细小部件进行放大显示。

5. 列车信息显示

系统能够显示获得列车的通过时间、编组辆数、行驶速度、车号信息等。

6. 查询统计

各级部门通过检车平台网页即可实时浏览列车各部位图像，对系统采集的数据进行查询、分析和统计。

7. 故障标记

系统能提供故障标记工具，用于在故障部位准确标注，并在故障图片中显示出车次、车号、图片部位、标记时间、标记人、故障名称等信息，便于故障图片的管理和通知现场对故障的准确定位和处理。TVDS 工作流程如图 6.22 所示。

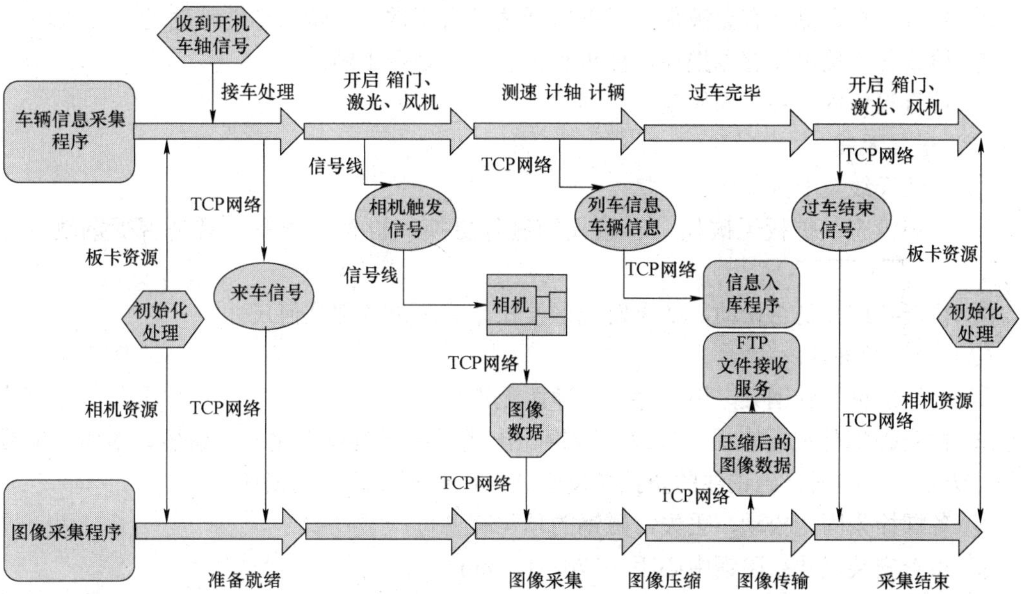

图 6.22　TVDS 工作流程

任务 6.2　TVDS 检修

任务描述

完成 TVDS 检修作业实训。

1. 环境与设备

TVDS 实训室。

2. 项目形式

实训。

3. 注意事项

严格遵守铁路企业安全规程。

4. 学习成果

工作任务单。

5. 实训流程

TVDS 探测站轨边设备检修应多人作业，穿防护服（黄马夹，电气化区段必须穿绝缘鞋），设专人负责安全防护，站在便于瞭望上下行列车的安全地点。TVDS 设备在正常使用过程需由专人进行定期检修，检修作业内容主要包括以下各项。

1）室外部分检修

（1）沉箱、侧箱。

① 清洁相机盒防护玻璃及箱体表面。

② 检查沉箱、侧箱有无破损，保护门开关是否正常，各转动部件转动是否灵活。

③ 检查各连接电缆有无损坏，插头有无氧化，是否牢固。

④ 检查箱体内部各个部件是否牢固。

（2）车号天线。

① 清洁天线及卡具。

② 外观检查：护板无破损，有破损则进行更换。检查天线及卡具是否受钢轨及砟石挤压。

③ 检查各螺栓是否松动，如果发现螺栓松动应测量各部几何尺寸。

（3）磁钢及夹具。

① 清洁磁钢及磁钢架，用布擦拭干净，无铁屑。

② 检查磁钢外观无缺损、裂纹，磁钢输出线根部无裂纹老化；卡轨器、磁钢托架受力均匀，无裂纹、损伤；磁钢线的防护蛇皮管或高压胶管良好，无损坏。

③ 各螺栓紧固无松动、丢失，磁钢的顶丝有备母。

④ 核查安装尺寸：磁钢中心距（270±2）mm。

（4）分线箱。

① 清洁分线箱。

② 检查分线箱内接线端子是否松动。

③ 检查分线箱内温度有无异常，检查散热风扇与加热器工作是否正常。

④ 检查光纤与激光器连接是否紧固。

⑤ 检查激光器表面温度有无异常。

2）室内部分检修

（1）设备外观。

清洁设备，检查机柜及各部件外观有无破损。

（2）工控机。

检查系统工作是否正常，控制软件及图像采集软件运行是否正常。

（3）控制箱。

① 检查控制箱各航空插头、电源连接是否牢靠。

② 通过在控制计算机上手动或过车检查控制保护门、补偿光源、风机工作是否正常。

（4）系统网络。

① 检查光纤收发器、交换机指示灯显示是否正常。

② 用“ping”命令测试网络传输是否畅通。

（5）接口插件、显示器。

① 检查各接口插件有无脱落、松动。

② 检查显示器工作是否正常。

（6）车号信息采集设备。

① 检查连接电缆有无损坏，插头有无氧化，是否牢固。

② 检查过车数据是否正常。

（7）信号防雷箱。

① 箱体牢固，配线端子接触良好。

② 防雷器件安装牢固，外观无损坏、氧化。

3）检修后测试

（1）所有检修结束后，检查设备状态。

（2）观察两列车，查看过车设备状态，确认通信是否良好。

（3）填写检修记录，字迹清晰、格式正确，检修人员签字确认。

（4）锁好门锁，检修人员方可离开。

4）常见故障的处理

（1）设备不接车。

① 检查探测站供电是否正常，控制机柜是否断电，确认无误后重新上电，重启各工控机及控制软件。

② 如供电正常，手动控制开启保护门、风机等，检查动作是否正常，进一步检查车轮传感器是否损坏或磁钢线是否接触良好。

（2）服务器无存储图片。

查看探测站图像采集工控机内是否存有原始图片，图像采集软件是否有提示信息，检查服务器到探测站的网络通道是否正常。

（3）某个相机黑图。

手动开启补偿光源，查看该相机对应的光源镜头是否出光，如不出光，检查相应相机对应补偿光源及光纤是否损坏。

（4）拍摄图片不清晰。

检查相机保护盒取景窗表面是否洁净，检查除尘风机是否损坏。

学习资料

TVDS 经调试完成、正式运用后，将 24 h 自动运行，正常情况下无须人工进行设备开启关闭。

6.2.1 设备工作过程

（1）设备开机、等待接车状态。

（2）列车经过时，收到远端磁钢信号，设备开始计轴计辆并判断车型，车型匹配成功后，开始接车。

（3）打开保护门、除尘风机、补偿光源，开启车号装置。列车经过近端磁钢，车辆采集软件计算轴距及车速，根据车速确定线阵相机扫描频率，同时根据车型及拍摄部位确定变频时机，控制相机扫描拍摄。

（4）图像采集计算机采集图片，进行压缩并传送至服务器。

（5）车辆信息采集计算机同时上传车辆信息至服务器。

（6）服务器根据图片来源将各部件图片进行转换拼接，并将车辆基本信息入库。

（7）浏览终端显示车辆信息及图像信息。

（8）最后一辆车通过近端磁钢后超过延时时间，系统认定过车完毕，停止拍摄，关闭补偿光源、除尘风机、保护门及车号装置。

（9）重新进入等待接车状态。

6.2.2 手控设备

设备手动控制功能主要在设备检修维护、故障处理时使用，此项功能包含在车辆信息采集软件中，软件安装在车辆信息采集计算机上。

（1）通过 KVM 将显示切换到车辆信息采集计算机，软件主界面如图 6.23 所示。

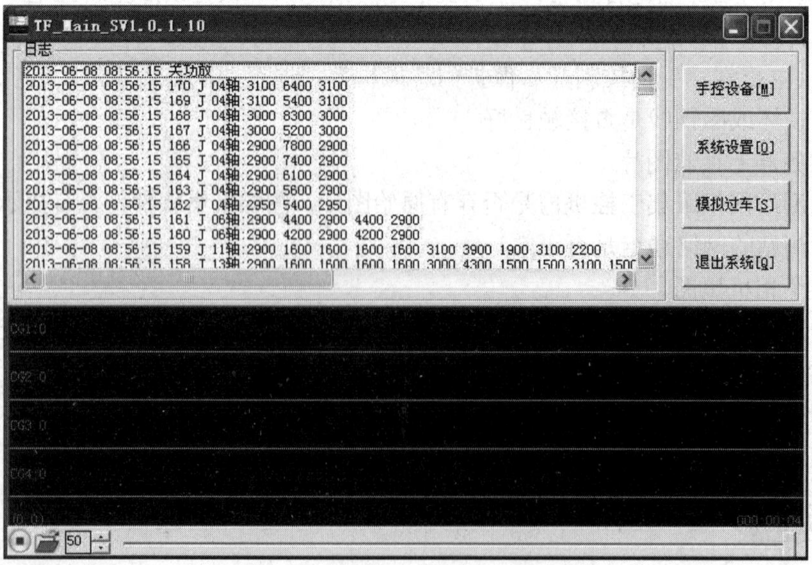

图 6.23　车辆信息采集软件主界面

（2）单击“手控设备”按钮，弹出手控设备对话框界面，如图 6.24 所示。

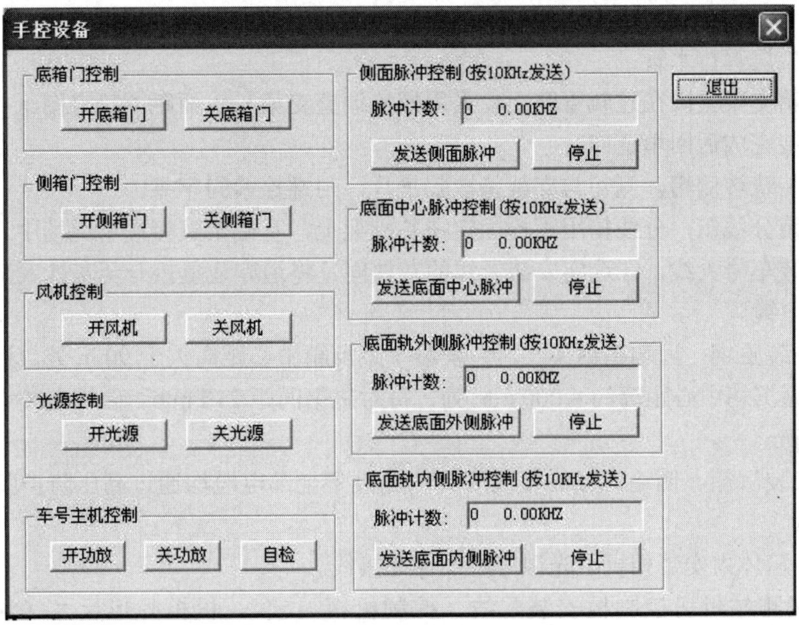

图 6.24　车辆信息采集软件手控设备界面

（3）单击相应按钮，进行设备相应动作控制。

（4）发送底面和侧面脉冲，用于相机触发信号检测。单击“发送侧面脉冲”按钮，侧面脉冲计数应显示为 10 kHz（误差＜2%）。“发送底面脉冲”控制同上。

6.2.3　安装条件

（1）探测站所有设备的安装尺寸应严格遵守《直线建筑接近限界》（区间及站内正线）的规定，必要处应做相应的防护。

（2）探测站轨边设备采用一体化沉箱、侧箱结构，安装时视现场情况对灰枕间距可作调整，轨边两侧设备与风机箱由基础安装架固定。

（3）探测站的供电容量不小于 8 kW，列检检测中心的供电容量不小于 6 kW。

（4）探测站设备应设防雷保护设施，每处设防雷地和设备地两点。对一般雷区采用避雷器和防雷地线的措施。防雷接地电阻小于 4 Ω，设备接地电阻小于 10 Ω。

（5）探测站到列检中心之间采用光纤网络通信，立水泥标志桩。

6.2.4　安装方法

（1）按照选定好的底箱安装位置将两灰枕中间的道砟清除，清除程度参照轨边设备安装尺寸示意图，保证设备能很方便地放入指定位置。为保证沉箱安装空间，视现场情况可能需适当调整灰枕间距，使其大于沉箱宽度 100 mm 以上。

（2）将需安装沉箱位置的两条灰枕间外侧道砟挖出，打入基础桩。

（3）安装沉箱及底部横梁管路。要求左右对称，安装位置符合图纸要求。

（4）安装沉箱排水管。

（5）侧箱支架紧固在过轨管路上，采用螺栓调整支架与轨面距离符合图纸要求。

（6）安装完成后回填道砟。

（7）安装轨边侧箱，侧箱与支架垫橡胶垫片，用螺栓紧固牢靠。

（8）安装分线箱，分线箱用螺栓固定在基础架上，基础架直接埋于道场中。

（9）安装车号天线，在选定安装天线的灰枕间，将道砟适量扒开至灰枕底部，安装车号天线及同轴电缆。

（10）安装磁钢：远端磁钢（一对）安装于距沉箱中心距离大于 90 m 处，近端磁钢（一对）安装于距沉箱中心距离约 4 000 mm 处，每对磁钢间距 270 mm。磁钢铠装电缆的铺设深度应大于 0.8 m。

（11）安装沉箱、侧箱、分线箱线缆。轨边设备全部电缆均通过高压防护胶管进入探测站机房室内。

（12）各箱体内安装相机、光源等零部件并接线。

（13）探测站机房控制柜安装配线，控制机柜 1 套，机柜外形尺寸（深×宽×高）：800 mm×600 mm×2 000 mm。

（14）列检中心服务器机柜安装，服务器机柜 1 套，机柜外形尺寸（深×宽×高）：1 000 mm×600 mm×1 600 mm。

（15）列检中心浏览终端安装组网。

（16）软件安装，系统调试。

6.2.5 TVDS 探测站设备保养

1. 目的

图像采集站与检测分析中心设备保养及维修有序可控，保证设备正常运行。

2. 人员素质要求

1）室内检车员的素质要求

（1）具有中专以上文化程度。

（2）工作责任心强，忠于职守，遵守“两纪”，身体健康。

（3）必须具有列检所从事检车工作经历，并有列检员工作上岗证。

（4）上岗前必须经过铁路部门技术培训，经考试合格后，持证上岗。

2）维修人员素质要求

（1）具有中专以上文化程度。

（2）工作责任心强，忠于职守，遵守“两纪”，身体健康。

（3）具有一定的计算机和硬件电路基础知识。

（4）上岗前必须经过铁路部门技术培训，经考试合格后，持证上岗。

3. 环境要求

室内温度 –20～60 ℃，室内干净，设备无尘。

4. 室外设备维护与保养

1）沉箱、侧箱

（1）清洁相机盒防护玻璃及箱体表面。

（2）检查沉箱、侧箱有无破损，保护门开关是否正常，各转动部件转动是否灵活。

（3）检查各连接电缆有无损坏，插头有无氧化，是否牢固。

（4）检查箱体内部各个部件是否牢固。

2）车号天线

（1）清洁天线及卡具。

（2）外观检查：护板无破损，破损则进行更换。检查天线及卡具是否受钢轨及砟石挤压。

（3）检查各螺栓是否松动，如果发现螺栓松动应测量各部几何尺寸。

3）磁钢及夹具

（1）清洁磁钢及磁钢架，用布擦拭干净，无铁屑。

（2）检查磁钢外观无缺损、裂纹，磁钢输出线根部无裂纹老化；卡轨器、磁钢托架受力均匀，无裂纹、损伤；磁钢线的防护蛇皮管或高压胶管良好，无损坏。

（3）各螺栓紧固无松动、丢失，磁钢的顶丝有备母。

（4）核查安装尺寸：磁钢中心距（270±2）mm；磁钢踏面距轨面距离：50 kg/m 轨：（35±2）mm；60 kg/m 轨：（37±2）mm；70 kg/m 轨：（45±2）mm。

4）分线箱

（1）清洁分线箱。

（2）检查分线箱内接线端子是否松动。

（3）检查分线箱内温度有无异常，检查散热风扇与加热器工作是否正常。

（4）检查光纤与激光器连接是否紧固。

（5）检查激光器表面温度有无异常。

5. 室内设备维护与保养

1）设备外观

清洁设备，检查机柜及各部件外观有无破损。

2）工控机

检查系统工作是否正常，控制软件及图像采集软件运行是否正常。

3）控制箱

（1）检查控制箱各航空插头、电源连接是否牢靠。

（2）通过在控制计算机上手动或过车检查控制保护门、补偿光源、风机工作是否正常。

4）系统网络

（1）检查光纤收发器、交换机指示灯显示是否正常。

（2）用“ping”命令测试网络传输是否畅通。

5）接口插件、显示器

（1）检查各接口插件有无脱落、松动。

（2）检查显示器工作是否正常。

6）车号信息采集设备

（1）检查连接电缆有无损坏，插头有无氧化，是否牢固。

（2）检查过车数据是否正常。

7）信号防雷箱

（1）箱体牢固，配线端子接触良好。

（2）防雷器件安装牢固，外观无损坏、氧化。

任务 6.3　TVDS 检查作业

任务描述

通过实习或实训完成 TVDS 动态检车作业。

1. 环境与设备

动态检车室或实训室。

2. 项目形式

实习或实训。

3. 注意事项

严格遵守铁路企业安全规程。

4. 学习成果

工作任务单。

学习资料

6.3.1　基本流程

利用 TVDS 拍摄的图像，对客车底技术状态实施的检查作业，称为 TVDS 动态检查作业。作业范围包括普速旅客列车客车底、特快货物班列客车底、回送图定列车客车底、无动力回送普速旅客列车客车底、因故折返旅客列车客车底和动力集中式动车组。

TVDS 动态检查作业类别分为：对客列检不作业的客车底（包括在客列检所在站不停车或绕行的客车底）实施动态直通作业，对客列检实施技检作业和技术作业的客车底实施动态技检作业，对客列检实施站折作业的客车底实施动态站折作业，对外属入库客车底实施动态折返作业，对本属入库客车底实施动态本属作业。管内开行的普速旅客列车，在 500 km 内同一组客车底多次通过 TVDS 探测站时，动态检查作业的类别和频次由路局集团公司自定。其中：动态直通作业对两侧侧部相机拍摄的图像进行检查。动态技检作业对两侧侧部和底部中间相机拍摄的图像进行检查。动态站折作业和动态折返作业对两侧侧部和底部左、中、右相机拍摄的图像进行检查。

对实施动态直通作业的客车底，仅由动态检车员实施动态检查作业，仅对客车底存在的拦停类故障进行标注和直通报告，动态检车室承担相应的安全质量责任。对实施动态技检作业的客车底，由动态检车员实施动态检查作业，由现场检车员实施客列检技术作业，动态检车室和客列检共同实施《铁路客车运用维修规程》规定的通过旅客列车技术检查作业，各自承担相应的安全质量责任。对实施动态站折作业的客车底，由动态检车员实施动态检查作业，由现场检车员按相关规定实施其他作业，动态检车室和客列检共同实施《铁路客车运用维修规程》规定的站折旅客列车技术检查作业，各自承担相应的安全质量责任。对实施动态折返作业的客车底，由现场检车员对动态检车员无法检查的部分进行补充作业，动态检车室和库列检共同实施《铁路客车运用维修规程》规定的折返检修作业，各自承担相应的安全质量责任。具体办法由路局集团公司作出规定。

对实施动态本属作业的客车底，须结合现场人工检查和 TVDS 动态检查，由现场检车员和动态检车员共同完成本属客车底的日常检修和重点检查。具体办法由路局集团公司作出规定。

动态检车员须具备中专（高中）以上学历，掌握计算机基本操作，具备 1 年及以上客车检修运用工作经历；动态检车工长须具备 2 年及以上现场检车员工作经验，并取得中级工职业资格等级。

动态检车员、动态检车工长上岗前，须经路局集团公司（车辆段）组织的岗前资格性培训合格，培训内容包括客车车辆基本构造、TVDS 作业平台操作及相关规章制度等。上岗后，每 2 年须经路局集团公司（车辆段）组织的岗位适应性培训合格，培训内容包括 TVDS 动态检查发现的故障案例、客车新结构、动态检查管理要求等。

各路局集团公司须指导车辆段制定 TVDS 动态检查作业指导书，明确每辆作业时间、部位视线流程等内容，严禁动态检车员“飞车”作业及不按视线流程无序作业。动态检车员实施动态直通作业的单辆作业时间应在 30 s 左右；实施动态技检作业的单辆作业时间应在 60 s 左右；实施动态折返作业和动态站折作业的单辆作业时间应在 90 s 左右。作业流程如图 6.25、图 6.26 所示。

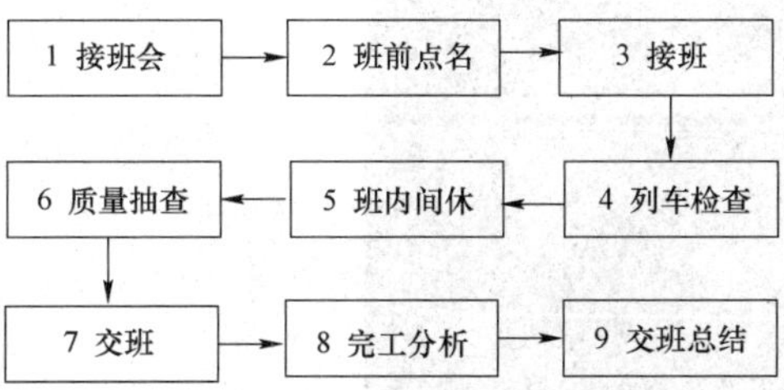

图 6.25　TVDS 检车员作业流程

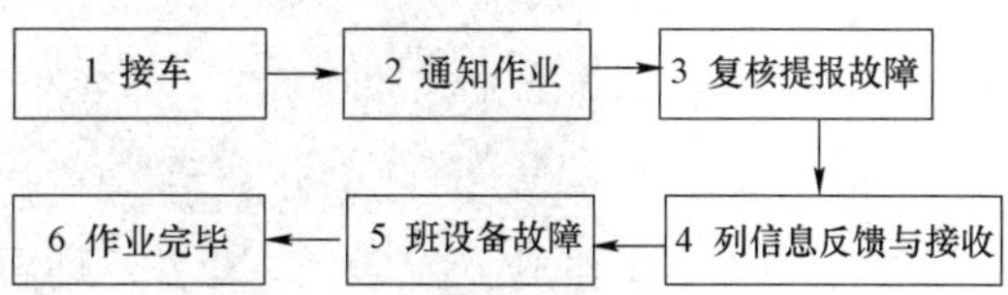

图 6.26　TVDS 工长作业流程

6.3.2　旅客列车各部位检查流线

1. 供电旅客列车

1 位端“口”字检查流程：

车体底板—分线盒—吊架—分电箱—配线—35 kV·A 逆变箱—配线—分电箱—吊架—分线盒—车体底板。

1 位端“一”字检查流程：

车体底板—吊架—分电箱—配线—8 kW 充电机—车体底板。

检查流程示意见图 6.27。

图 6.27　直供电客车 1 位端检查流程示意图

2 位端车下电源侧部“口”字检查流程：

车体底板—吊架—电池箱—吊架—分线盒—配线—防滑排风阀—电池箱—吊架—车体底板。

2 位端车下电源侧部“一”字检查流程：

车体底板—吊架—电池箱—分线盒—配线—防滑排风阀—车体底板。

检查流程示意见图 6.28。

图 6.28　直供电客车 2 位端检查流程示意图

2. 空调发电车供电的列车

“一”字检查流程：

车体底板—吊架—分线盒—配线—电池箱—吊架—车体底板—移动拉杆—调整丝套—车体底板。

“v”字检查流程：

分线盒—吊架—车体底板—均衡杠杆—电池箱—移动拉杆—调整丝套—车体底板。

检查流程示意见图 6.29。

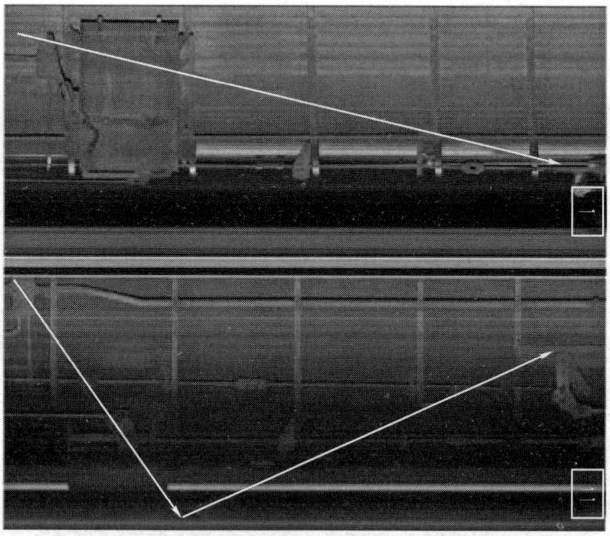

图 6.29　空调发电车供电的列车检查流程示意图

3. 非空调列车

电源侧部“口”字检查流程：

车体底板—分线盒—车体底板—配线—电池箱—配线—车体底板—吊架—电池箱—管路—配线—防滑排风阀—车体底板。

电源侧部“一”字检查流程：

车体底板—吊架—管路—防滑排风阀—管路—分线盒—吊架—底板。

检查流程示意见图 6.30。

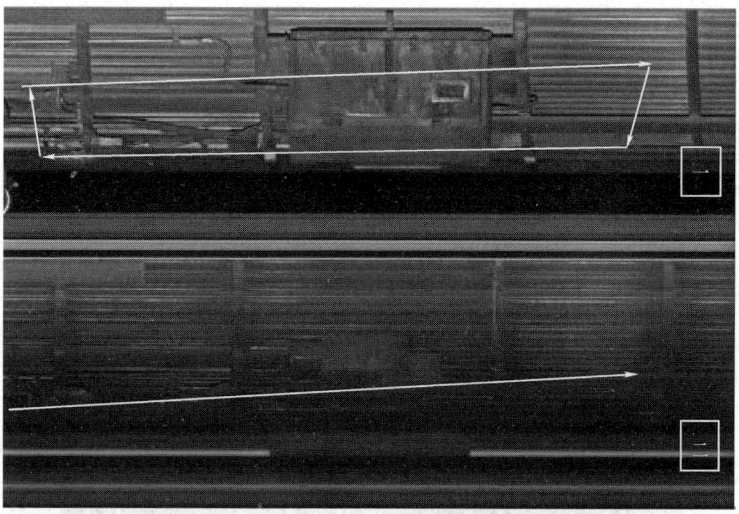

图 6.30　非空调列车电源侧部检查流程示意图

4. 带集便器的新空调车

车下电源侧部“一”字检查流程：

检查流程一：污物箱—逆变器箱—充电器箱—配线—管路。

检查流程二：污物箱—充电器箱—管路。

检查流程示意见图 6.31。

图 6.31　带集便器的新空调车车下电源侧部检查流程示意图

5. 209P 转向架

209P 转向架底部“凹”字检查流程：

视图左侧及右侧：轮缘内侧及轮辋—辐板—制动盘—制动夹钳装置—闸片吊—闸片托—闸片—车轴—制动盘—制动夹钳装置—闸片吊—闸片托—闸片—辐板—轮缘内侧及轮辋。

视图中部：手闸—单元制动缸—安全带—连通管—摇枕弹簧托梁—摇枕—摇枕弹簧托梁—单元制动缸—侧架—连通管—心盘销—摇枕—安全带。

检查流程示意见图 6.32。

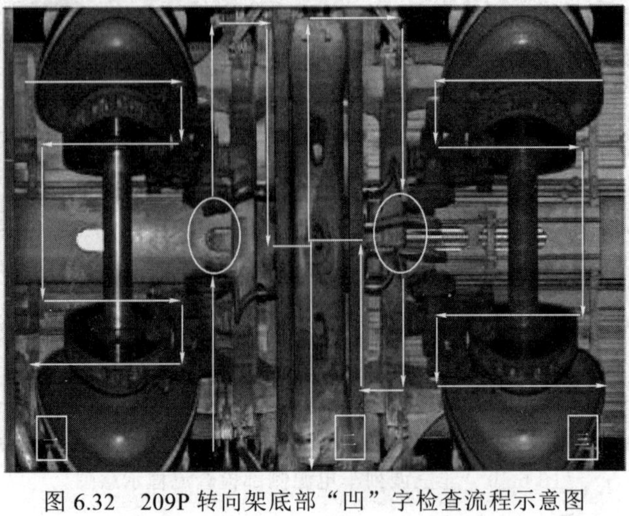

图 6.32　209P 转向架底部“凹”字检查流程示意图

6. 209T 转向架

209T 转向架底部“凹”字检查流程：

视图左侧及右侧：车体底板—闸瓦托—闸瓦—闸瓦钎及环—轮缘内侧及轮辋—辐板—闸瓦钎及环—闸瓦—闸瓦托—制动梁—制动梁安全吊—制动杠杆—制动杠杆拉板—制动杠杆—车轴—制动梁安全吊—制动梁—制动梁安全吊—制动杠杆—制动杠杆拉板—制动杠杆—车轴—制动梁—制动梁安全吊—闸瓦托—闸瓦—闸瓦钎及环—轮缘内侧及轮辋—辐板—闸瓦钎及环—闸瓦—闸瓦托—车体底板。

视图中部：侧架—安全带—摇枕弹簧托梁—摇枕—心盘销—摇枕—摇枕弹簧托梁—安全带—侧架。

检查流程示意见图 6.33。

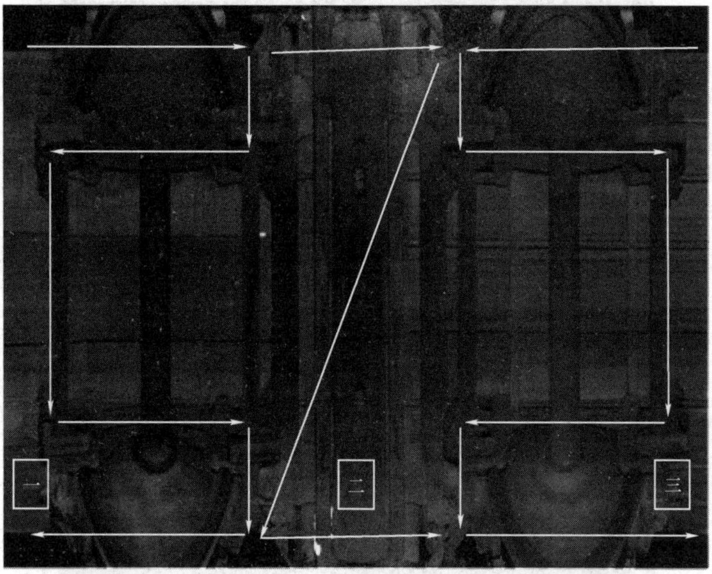

图 6.33　209T 转向架底部“凹”字检查流程示意图

7. CL242 及类似型号转向架

CL242 转向架底部“凹”字检查流程：

视图左侧及右侧：轮缘内侧及轮辋—辐板—制动盘—制动夹钳装置—闸片托吊销—闸片—制动盘—车轴—制动盘—制动夹钳装置—闸片托吊销—闸片—制动盘—辐板—轮缘内侧及轮辋。

视图中部：单元制动缸—金属软管—金属软管—单元制动缸—转向架横梁—牵引拉杆—牵引装置—扭杆—扭臂—轴承座—单元制动缸—金属软管—金属软管—单元制动缸—连杆—牵引拉杆—牵引装置—扭杆—扭臂—轴承座。

检查流程示意见图 6.34。

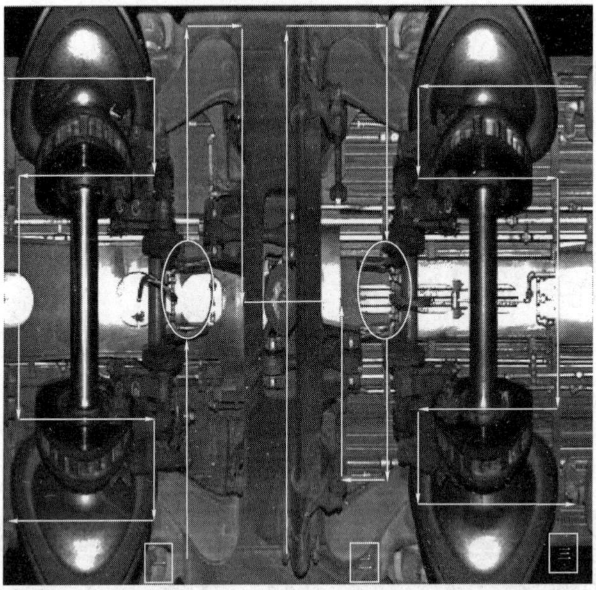

图 6.34　CL242 转向架底部“凹”字检查流程示意图

8. SW－160 转向架

SW－160 转向架底部“凹”字检查流程：

视图左侧及右侧：轮缘内侧及轮辋—制动盘—制动夹钳装置—车轴—制动盘—制动夹钳装置—轮缘内侧及轮辋。

视图中部：侧架—单元制动缸—制动软管—单元制动缸—侧架—连通管—横向油压减振器—抗侧滚扭杆—安全吊—连通管—侧架—单元制动缸—制动软管—单元制动缸—横向油压减振器—抗侧滚扭杆—安全吊。

检查流程示意见图 6.35。

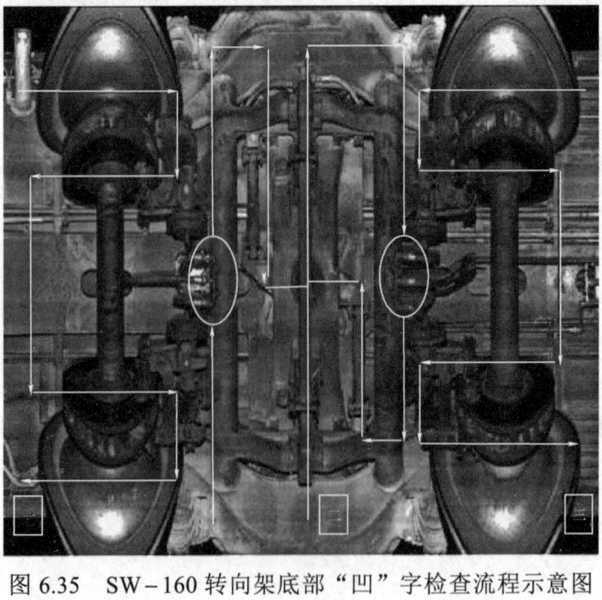

图 6.35　SW－160 转向架底部“凹”字检查流程示意图

9. CW－2 转向架

CW－2 转向架底部“凹”字检查流程：

视图左侧及右侧：横向控制杆—轮缘内侧及轮辋—辐板—轮缘内侧及轮辋—制动夹钳装置—闸片托—闸片—制动盘—车轴—制动盘—制动夹钳装置—闸片托—闸片—轮缘内侧及轮辋—辐板—轮缘内侧及轮辋—横向控制杆。

视图中部：横梁—单元制动缸—连通管—单元制动缸—横梁—弹簧托板组成—横向拉杆—弹簧托板组成—扭杆座—扭杆安全吊—扭杆—单元制动缸—连通管—单元制动缸—扭杆安全吊—扭杆座—心盘销—弹簧托板组成。

检查流程示意见图 6.36。

图 6.36　CW－2 转向架底部“凹”字检查流程示意图

10. 车钩底部

车钩底部“e”字检查流程：

从板座—缓冲器—钩尾框—钩尾框托板—牵引梁—从板—钩尾销—钩托梁钩锁铁—制动软管—折角塞门—车钩—折角塞门—制动软管—钩锁铁—钩托梁—钩尾销—从板—牵引梁—钩尾框托板—钩尾框—缓冲器—从板座—车地板—供电线（根据列车实际供电情况检查）—提钩杆—人力制动机轴链—车地板—供电线（根据列车实际供电情况检查）—提钩杆—人力制动机轴链。

检查流程示意见图 6.37。

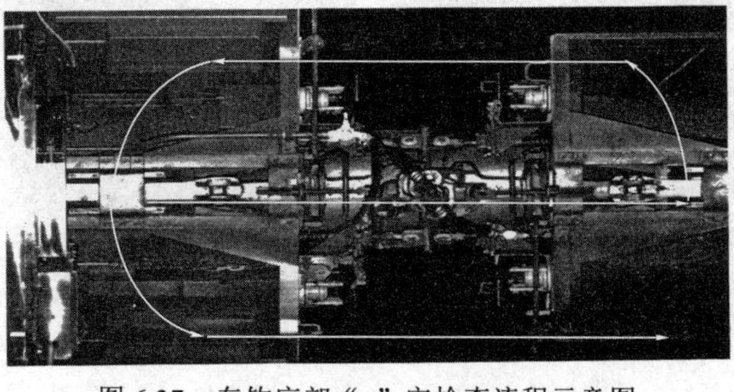

图 6.37　车钩底部“e”字检查流程示意图

6.3.3 TVDS 常见车体故障举例

见图 6.38～图 6.43。

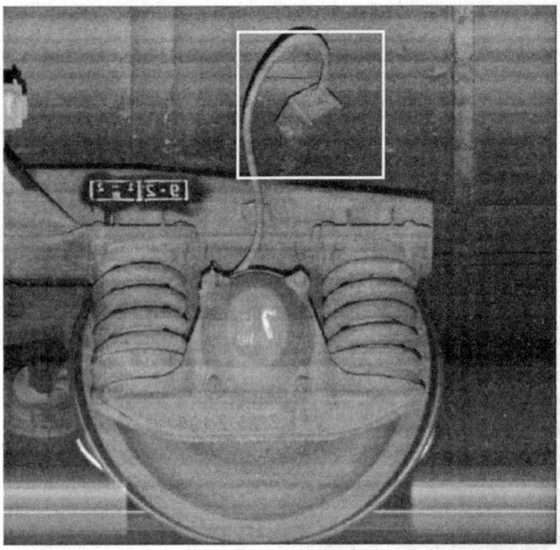

图 6.38　车厢底部轴温线分线盒脱落

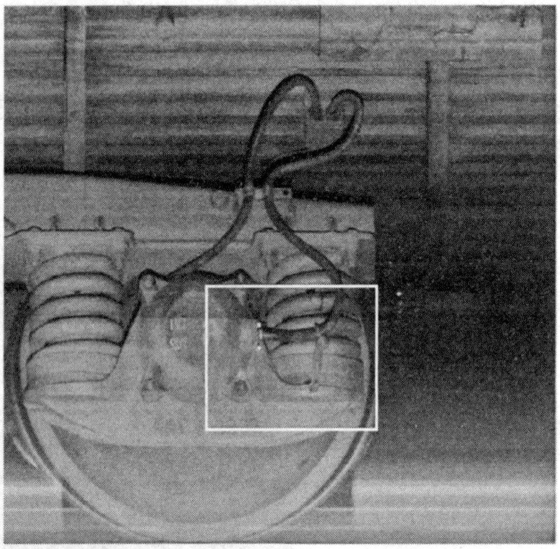

图 6.39　轴箱电子防滑器护片脱落

图 6.40　集便器排水阀手把丢失

图 6.41　油箱漏油

图 6.42　制动缸安装圆销丢失

图 6.43　集便箱排污口上水管断裂

项目检验与评价

可参考以下内容进行实训考核。

实训 1　TVDS 动态检车员检车作业

实训内容	TVDS 动态检车员检车作业
实训目标	1. 掌握 TVDS 动态检车员一次上岗作业标准 2. 具备 TVDS 动态检车员故障判别能力
实训要求	注意遵章守纪，按规定流线检车，不得跳跃、漏检
实训项目	1. TVDS 动态检车员上岗前接班（10%）
	2. TVDS 动态检车员检车流线与检车要点（40%）
	3. TVDS 动态检车员常见车体故障图像识别（40%）
	4. TVDS 值班员交班（10%）
实训评价	自我评价：
	教师与企业导师评价：

实训 2　TVDS 设备检修作业流程

实训内容	TVDS 设备检修作业流程
实训目标	1. 掌握 TVDS 设备检修作业过程 2. 培养遵章守纪、重视安全的行业素养
实训要求	注意遵章守纪，不得触碰安全红线
实训项目	1. TVDS 检修员上线前准备工作（20%）
	2. TVDS 检修员室外设备巡检（30%）
	3. TVDS 检修员室内设备巡检（30%）
	4. TVDS 检修员检修结束工作（20%）
实训评价	自我评价：
	教师与企业导师评价：
特别说明	检修过程中触碰“安全红线”，本实训成绩直接为 0 分！

项目 7

货车运行故障动态图像检测系统

项目描述

随着铁路车辆5T系统的快速建设和发展，其安全防范作用越来越显著，特别是货车运行故障动态图像检测系统（TFDS）的发展与运用，大大降低了检车员的劳动强度，提高了作业质量和作业效率。但随着铁路运输的发展，特别是货车提速、重载、长交路战略的实施及货运增量工作的全面开展，以及货车新技术、新工艺、新材料的广泛应用，铁路货车故障形式发生了新的变化，个别性、突发性故障等时有发生。

为进一步提高5T系统安全防范保障能力，提高TFDS动态质量，对某一部位或某一配件的异常情况进行关联特征分析，确保车辆运行安全。

TFDS是一套集高速数字图像采集、大容量图像数据实时处理和精确定位、模式识别技术于一体的智能系统。系统由检测信息采集、信息处理传输和列检检测中心等设备构成，系统通过高速相机阵列，拍摄列车车底和侧下部的全部可视信息，经数字化处理后显示于检测中心的信息终端上。

学习目标

1. 掌握TFDS的构成及检测原理
2. 学会TFDS的检测作业
3. 能进行TFDS探测站日常检修

任务7.1　TFDS认知

任务描述

通过学习解决以下问题：

（1）TFDS的基本原理是什么；

（2）TFDS的主要设备有哪些；

（3）三代 TFDS 的优点有哪些。

学习资料

7.1.1　TFDS 硬件技术参数

（1）适应列车速度：5～120 km/h。

（2）保护门开启、关闭反应时间：≤1.5 s。

（3）补偿光源开启关闭响应时间：≤1 s。

（4）摄像机：Basler A312f CCD 数字摄像头，分辨率 782×582，共 5 个。

（5）抓拍最高速率：53 fps。

（6）控制方式：使用车轮传感器，共 4 个。

（7）服务器：采用 IBM 服务器双机热备。

（8）部件信息浏览终端：采用 IBM 计算机，10 台。

（9）存储容量：故障信息和故障图像保存两年，非故障图像信息保存两个月以上。

7.1.2　TFDS 软件技术参数

（1）系统能自动屏蔽客车。

（2）系统能自动计轴计辆。

（3）系统能自动测量车速。

（4）系统能自动调整摄像机参数。

（5）系统能同步检车。

（6）系统程序自动维护，自动备份或删除过期图片。

（7）系统自动记录检车员看图的工作信息并提供报表。

（8）系统能与 HMIS（铁路货车技术管理系统）及其他 5T 系统兼容和数据交换。

（9）图像浏览终端能按车次车号查询部件图片和车辆信息。

（10）系统能自动生成含车次车辆的基本信息的检查报告并能将信息转入 HMIS。

（11）系统软件提供方便的故障标记工具，用于准确标注故障部位。

（12）系统具有自检功能，能够自动检测通信链路、采集设备、光源补偿装置、防护装置出现的故障并报警。

（13）系统逐步具备故障自动识别功能。

7.1.3　TFDS 原理

TFDS 由轨边图像采集站、列检检测中心、各级数据服务器共同组成。其中，轨边图像采集站由车轮传感器（磁钢组）、车号采集系统、前置信息处理机、图像服务器、高速图像采集设备、光源补偿设备、轨边设备防护装置和网络传输设备组成。列检检测中心由网络传输设备、网络服务器、图像浏览终端组成。

TFDS 采用高速摄像机对运行的列车进行图像采集，通过计算机进行分析与处理，计算出列车运行速度，判断出列车车种车型，取出系统所需要的车辆关键部位图像进行存储，以一车一档的方式在窗口计算机中显示，并能按要求打印、传输。

TFDS 通过安装在铁路轨边的图像采集及处理设备，对运行中铁路货车的各种常见故障图像进行动态实时检测，可预防车钩分离、制动闸件脱落、摇枕、侧架、基础制动装置裂折等危及行车安全的故障，缩短技检时间，提高车辆的检修质量，保证车辆安全运行。

TFDS 对运行列车的车辆进行在线轨边图像探测，获取车辆关键部件图像并由动态检车员进行外观故障检查，可有效保障车辆运行安全。采用该系统，可很大程度上改善列检作业的环境，提高列车运行质量的可控度，有效缩短列检作业时间，保证车辆运行安全和运输秩序畅通。

7.1.4 TFDS 组成

TFDS 综合检测设备，包括主控制板、I/O 转接板、LED 显示板和开关电源。主控制板根据设置要求产生数字磁钢信号，通过 GPIO 接口发出，I/O 转接板驱动后，发送到 TFDS 用于模拟过车；主控制板通过 GPIO 接口触发开关门测试信号，经过 I/O 转接板驱动后，发送至 TFDS 完成开关门测试；主控制板通过 GPIO 接口触发频闪灯测试信号，经过 I/O 转接板驱动后，为频闪灯提供脉冲信号，用于频闪灯测试；主控制板通过串口发出车号信息，供控制计算机采集。LED 显示板连接 I/O 转接板，用于提示装置的信号运行是否正常。开关电源通过电源接口连接主控制板，为主控制板和 I/O 转接板提供电源。

所述的主控制板为 S3C2440 ARM 处理器，通过 Linux 系统实现功能。所述的主控制板根据设置要求产生 4 路数字磁钢信号，用于模拟过车，模拟的车速范围在 5～200 km/h，模拟的车辆类型根据需要设置。所述的 I/O 转接板通过电缆与 TFDS 的控制计算机、控制箱和频闪灯连接。所述的开关电源提供 5 V、−12 V、+12 V 电压。所述的 LED 显示板提示信号运行是否正常，当设备实现测试功能时，LED 显示板上相应的 LED 灯点亮。所述的频闪灯测试根据时间需要调节频闪频率、次数和脉宽参数完成不同情况下的频闪灯测试。所述的主控制板模拟过车信息通过网络传输至上位机，实现过车数据的存储，并和控制计算机接收的过车数据进行比对，判断 TFDS 工作是否正常。

所述的主控制板还连接 LCD 屏幕，用于显示与输入信息，实现人机交互。

优点在于：

（1）在原有检测设备基础上综合各个测试功能，并通过嵌入式的解决方案，解决了无车辆通过情况下，发送磁钢模拟过车仿真信号；解决了机械部分开关门控制测试；解决了频闪灯测试；解决了车号的模拟发送测试。

（2）系统利用 MiniGUI 函数库完成对可视界面的实现，界面不仅美观而且操作简单，并可通过触摸屏的方式实现人机交互。

（3）加快 TFDS 的软、硬件完善工作。

TFDS 硬件结构：系统硬件结构可分为轨边探测设备、轨边机房设备、列检检测中心设备三部分。

1. 轨边探测设备

轨边探测设备由一套沉箱、两套轨边探测箱、一套室外分线箱、一套车轮传感器和一套 AEI 室外设备组成。

2. 轨边机房设备

轨边机房设备由三台图像信息采集计算机、一台车辆信息采集计算机、一台车号信息采集计算机、一套室外设备控制箱、一套 KVM 设备、一台信号防雷箱、一台电源防雷箱、一套网络传输设备（含交换机及光端机各一台）、一套远程启动设备等组成。

3. 列检检测中心设备

列检检测中心设备由两台服务器、一台磁盘阵列柜、一套远程启动设备、一套 KVM 设备、一套网络传输设备、一台服务器机柜等组成。

列检客户端设备由信息浏览终端计算机、一台网络交换机、一台电源防雷箱组成。

7.1.5　TFDS 主要功能及用途

（1）自动判别货车车种车型、速度、计轴计辆。

（2）主要探测部位为：侧架、摇枕、交叉杆、制动梁、钩缓、轴承、枕簧、心盘螺栓、斜拉板、上下拉杆、钩托板、软管等部件、制动故障关门车、车号标签。

（3）通过人机结合的方式，对抓拍后的图像进行分析，判别出有关故障.

（4）预留 HMIS 接口，可自动生成车统－15、车统－81 等列检所常用报表。

TFDS 检测范围：系统能够自动抓拍车底和侧下部的所有图片，主要包含列车钩缓配件、制动配件、底架、转向架、车体侧下部，通过人机结合方式对能够拍到的内容进行分析，可预防大部件断裂、配件脱落、列车分离等故障。系统还可根据不同类型列检所的需要去定制系统检查范围和客户机的数量，以满足列检运用的要求。

7.1.6　TFDS 设备安装技术要求

为保证 TFDS 正常运行，充分发挥其保障铁路运输安全的作用，在选址、安装 TFDS 时，应遵循下列要求：

（1）为充分发挥检测设备的作用，探测站设在列车进站前的线路咽喉处，安装位置尽量避开曲线、长大坡道，在来车前方 50 m 以上直线段，此段距离内没有道岔。

（2）探测站设备选在道床坚实、线路质量好的地段，避开钢轨端头、短钢轨。

（3）探测站所有设备的安装尺寸应严格遵守《直线建筑接近限界》（区间及站内正线）的规定，必要处应做相应的防护。

（4）探测站轨中设备采用一体化钢枕结构，安装时需撤换一根灰枕，轨两侧设备与分线箱需打水泥基础。

（5）探测站设机房，距离检测设备不远于 16 m。机房地面高度应高于轨面，使用面积大于 12 m^2，有良好的通风、取暖设施，保证室内温度在 0～30 ℃，相对湿度小于 95%，并设有探测站标记。

（6）探测站的供电容量不小于 5 kW，列检检测中心的供电容量不小于 6 kW。以上供电都应具有双路自切换功能。

（7）探测站设备应设防雷保护设施，每处设防雷地和设备地两点。对一般雷区采用避雷器和防雷地线的措施。防雷接地电阻小于 4 Ω，设备接地电阻小于 10 Ω。

（8）探测站到列检检测中心之间采用光纤网络通信，光缆铺设深度大于 0.8 m，细沙铺垫，立水泥标志桩，开机磁钢铠装电缆铺设深度大于 0.8 m。

（9）列检检测中心机房面积根据实际需要确定（建议不小于 30 m^2），有良好的通风、取暖设施，保证室内温度在 0～30 ℃，相对湿度小于 95%。

7.1.7 TFDS 的演变

TFDS 经历了三代变化，如下所示：

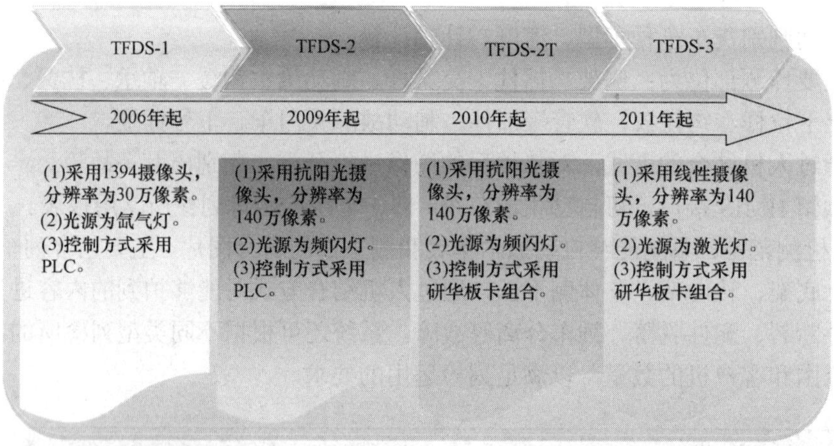

性能比较	TFDS－1	TFDS－2	TFDS－2T	TFDS－3
摄像头型号	1394A312F 30 万像素	HM1400TF （专用） 140 万像素	HM1400TF （专用） 140 万像素	线性摄像头 140 万像素
光源	氙气灯，寿命短，启动电流大，易产生干扰	频闪灯，寿命长，无干扰	频闪灯，寿命长，无干扰	红外激光灯
摄像头性能	抗干扰差，接口受距离限制最长 20 m	抗干扰强，采用网络传输，安装方便	抗干扰强，采用网络传输，安装方便	抗干扰强，采用网络传输，安装方便
特性	曝光严重	采用抗阳光技术	采用抗阳光技术	采用抗阳光技术，效果稍好

7.1.8　TFDS－3 的优点

TFDS－3 与 TFDS－2T 比较，主要具有以下技术优势。

1. 更有利于图像自动识别

（1）TFDS－3 拍摄的图片无缝拼接，有利于故障位置的定位。

（2）TFDS－3 白天与夜间拍摄的图片基本一致，更有利于故障识别。

（3）TFDS－3 只对运动的物体成像，对静止的物体不成像，无背景干扰，更有利于故障自动识别。

（4）TFDS－3 抗阳光干扰效果更好，有利于故障自动识别。

二者拍摄的图片分别见图 7.1、图 7.2。

图 7.1　TFDS－2T 拍摄的图片

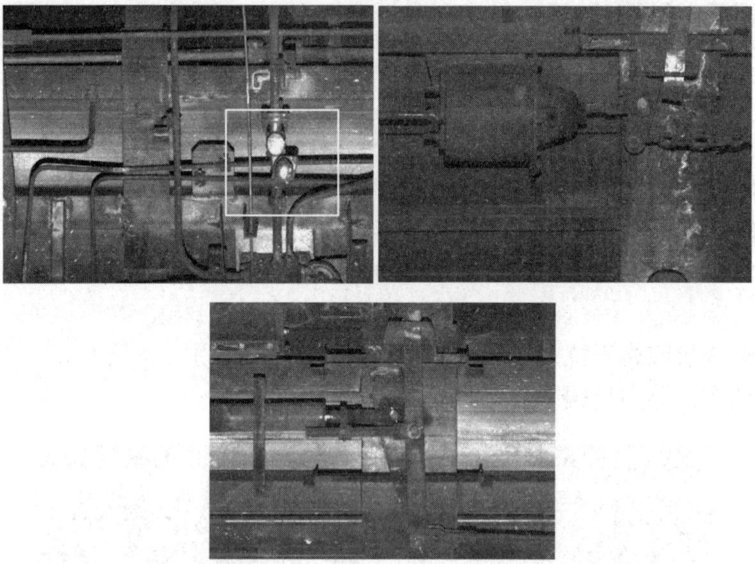

图 7.2　TFDS－3 拍摄的图片

2. 图片行车方向无缝拼接

二者拍摄的图片分别见图 7.3、图 7.4。

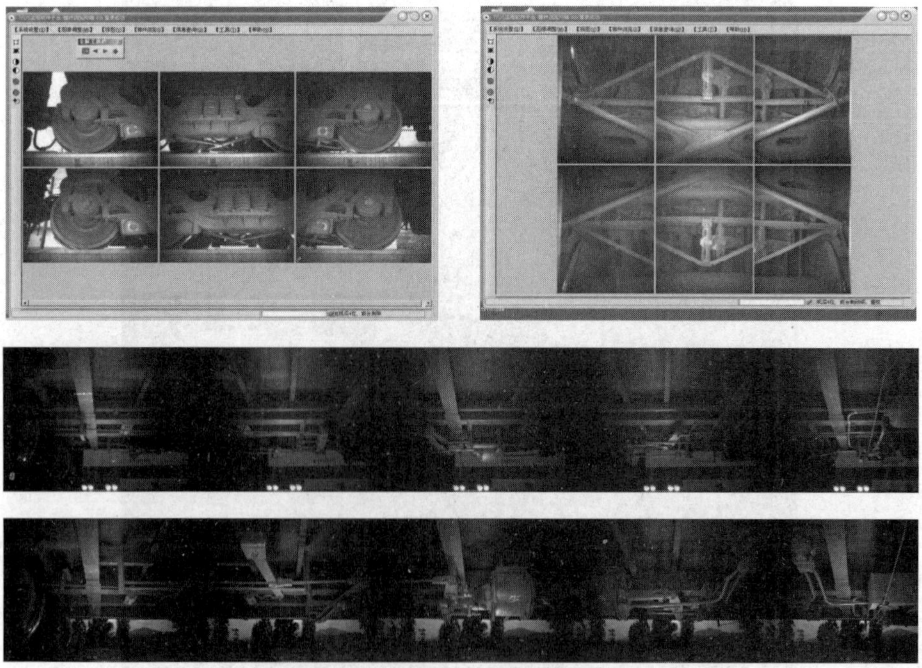

图 7.3　TFDS－2T 拼接图片

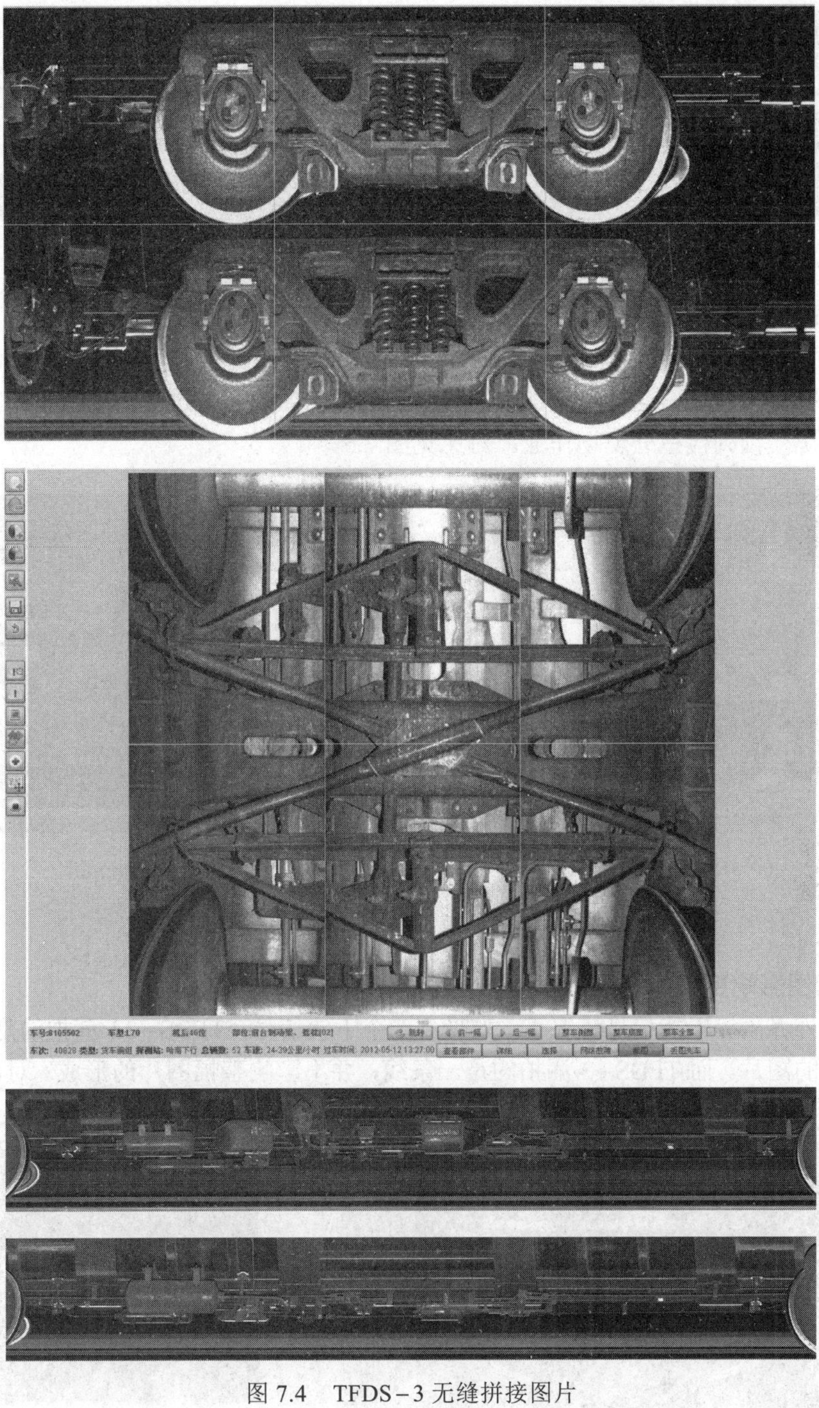

图 7.4　TFDS－3 无缝拼接图片

3. 增加车体侧墙拍摄

TFDS－2T 无法拍摄车体侧墙部位。TFDS－3 增加车体侧墙部位拍摄（见图 7.5），可对定检标记及破损车进行动态检查，现场检车员不必进行现车确认，减轻劳动强度。

图 7.5　TFDS－3 拍摄的侧墙图片

4. 抗阳光干扰能力强

TFDS－3 采用线性摄像头，拍摄的图片不易受强烈光线，尤其是阳光的干扰。而 TFDS－2T 抗阳光的干扰能力较弱，遇到车底镂空的货车，拍摄的图片容易过曝，动态检车员无法检出车底异常情况，须列检室外现场作业。对比见图 7.6。

(a) TFDS－2T 拍摄的图片　　(b) TFDS－3 拍摄的图片

图 7.6　TFDS－2T 与 TFDS－3 抗阳光干扰对比

5. 丢窜图影响更小

当受到外界同等干扰信号情况下，如受到一个干扰信号，TFDS－2T 漏拍的是一幅整图，即约 1 m 长的图片。而 TFDS－3 漏拍的是一条线，并不影响整幅图片的形成。对比见图 7.7。

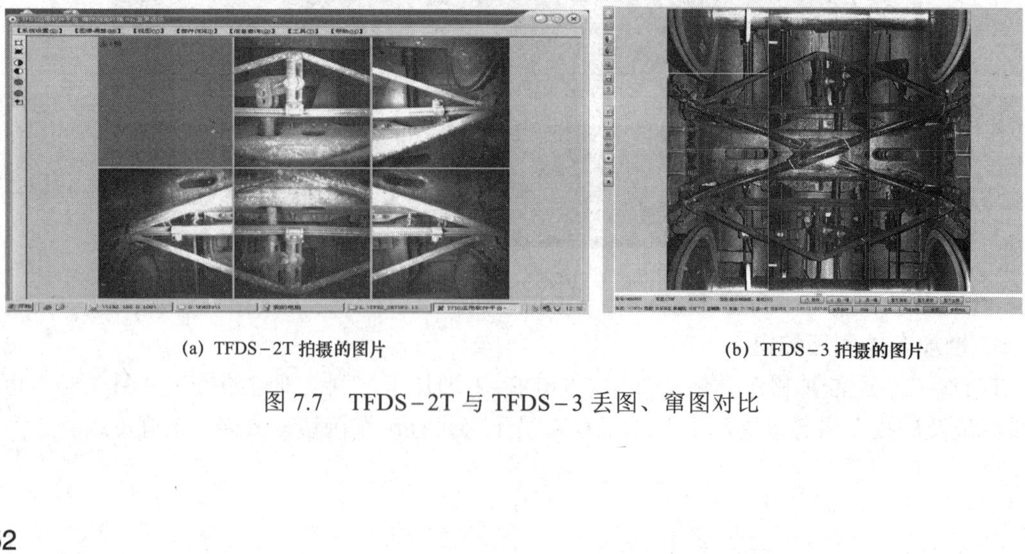

(a) TFDS－2T 拍摄的图片　　(b) TFDS－3 拍摄的图片

图 7.7　TFDS－2T 与 TFDS－3 丢图、窜图对比

6. 安装维修方便

相机保护盒采用燕尾槽导轨安装，安装相机盒直接拔插，不需要其他辅助设备。

TFDS－2T 使用 16 个频闪灯；TFDS－3 使用 7 个红外线性光源（包括车体 2 个），相机与激光灯采用一体化结构，便于安装维修。

7. 系统受外界环境影响小

（1）TFDS－2T 采用的频闪灯布置在相机四周（16 个频闪灯），必须开放式取景，因此受风沙雨雪影响较大，一旦维护不到位，就会影响图片质量。

（2）TFDS－3 采用的线阵相机取景时只需扫描一条线，所以取景口可以做得很窄，系统通过窄缝取景、采用风机吹尘、底箱平开门等方式有效降低了风沙雨雪等外界环境对设备的影响。两种设备见图 7.8、图 7.9。

图 7.8　TFDS－2T

图 7.9　TFDS－3

8. 补偿光源为不可见光，不会对行车产生干扰

TFDS－2T 采用的频闪灯发出光为红光，干扰行车；TFDS－3 采用的红外线性光源发光为不可见光，不会对行车产生干扰。

任务 7.2 TFDS 动态检车员检查作业

任务描述

通过学习掌握 TFDS 动态检车员的作业流程和标准。

学习资料

7.2.1 TFDS 动态检查范围和质量标准

（1）车轮无缺损。

（2）滚动轴承无甩油，外圈无缺损，密封罩无脱出，前盖无裂损、丢失，轴端螺栓无丢失，轴承挡键无丢失，承载鞍无错位，挡边无折断，八字形橡胶垫无破损。

（3）侧架、摇枕无裂损，斜楔、侧架立柱磨耗板无缺损、窜出、丢失，摇枕圆弹簧无折断（转 8A 型转向架重车摇枕圆弹簧每转向架可不超过 1 个）、窜出、丢失，交叉杆及盖板无弯曲、变形、裂损、折断，安全索无丢失，扣板螺栓、端部紧固螺栓无丢失，锁紧板无移位、丢失，支撑座无裂损，弹簧托板无裂损，螺栓无折断、丢失，心盘螺栓无折断、丢失。

（4）车钩及钩尾框无裂损，钩舌销无折断、丢失，钩锁铁无折断，车钩连接状态良好，钩提杆无变形、脱落、丢失，安装座无脱落、丢失，钩提链无折断、丢失，从板及从板座无破损、折断、丢失，缓冲器无破损，钩尾框托板无裂损，螺栓及螺母无丢失，钩尾销及托板螺栓、螺母、开口销无折断、丢失，车钩托梁无裂损，螺栓、螺母无丢失。

（5）空气制动阀配件无丢失，防盗罩无脱落，空重车自动调整装置比例阀或调整阀配件无丢失，调整杆无脱落、丢失，各风缸及堵无脱落、丢失，制动缸活塞推杆无丢失，连通管无折断，制动软管连接状态良好，

7.2.2 检查方法

简单易记几个字：凹、e、三、z、8、v。

1.“凹”字检查法

检查转向架侧部见图 7.10。

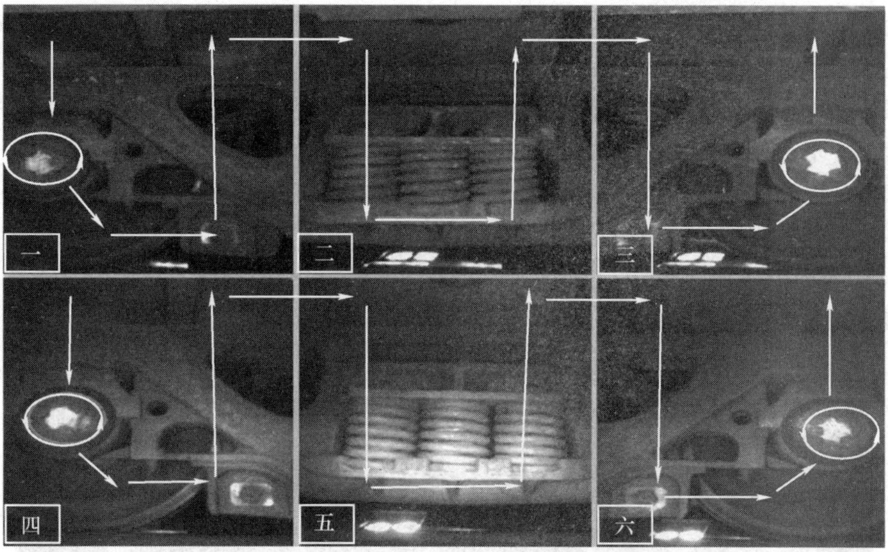

图 7.10 “凹”字检查法检查转向架侧部

视线流程：

图一：车地板—侧架—承载鞍—轴承—车轮—闸瓦及闸瓦插销—制动梁—侧架—车地板。

图二：车地板—侧架—斜锲—摇枕—摇枕圆弹簧—侧架—摇枕圆弹簧—摇枕—斜锲—侧架—车地板。

图三：车地板—侧架—制动梁—闸瓦及闸瓦插销—车轮—轴承—承载鞍—侧架—车地板。（图四、图五、图六同上）

检查转向架容易出现故障的部位见图 7.11。

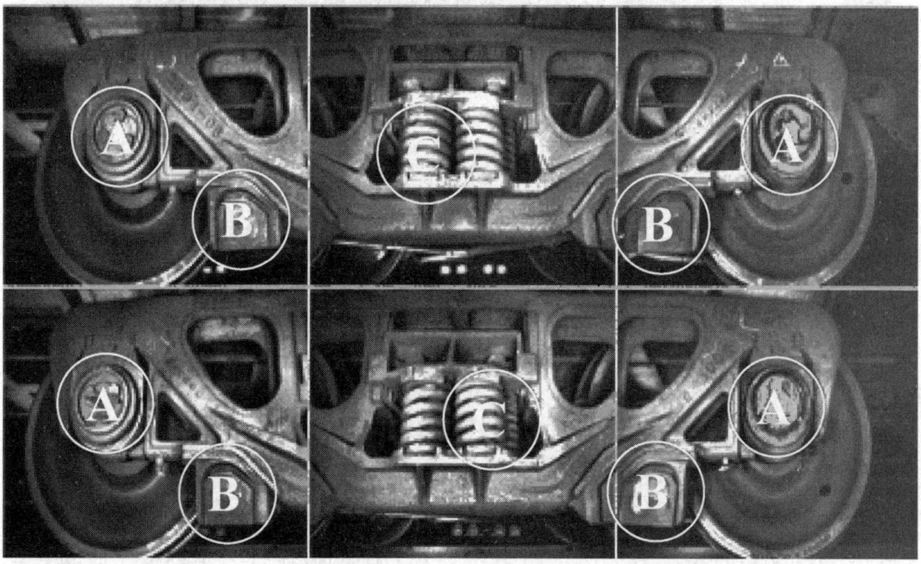

图 7.11 “凹”字检查法检查转向架容易出现故障的部位

采用“凹”字检查法对整幅图像进行浏览，重点检查 A、B、C 等容易发生故障的部位。

A 部位：以轴承、承载鞍为中心的区域。易发生或较严重的故障：轴承甩油，轴端螺栓松动、丢失，承载鞍错位等。

B 部位：以交叉杆端部紧固螺栓为中心的区域。易发生的故障：端部紧固螺栓松动、丢失，锁紧板变形，闸瓦折断、丢失、脱落等。

C 部位：以摇枕弹簧为中心的区域。易发生的故障：摇枕弹簧折断、丢失、窜出，侧架立柱磨耗板折断、丢失、窜出等。

2. “e”字检查法

检查车钩底部见图 7.12。

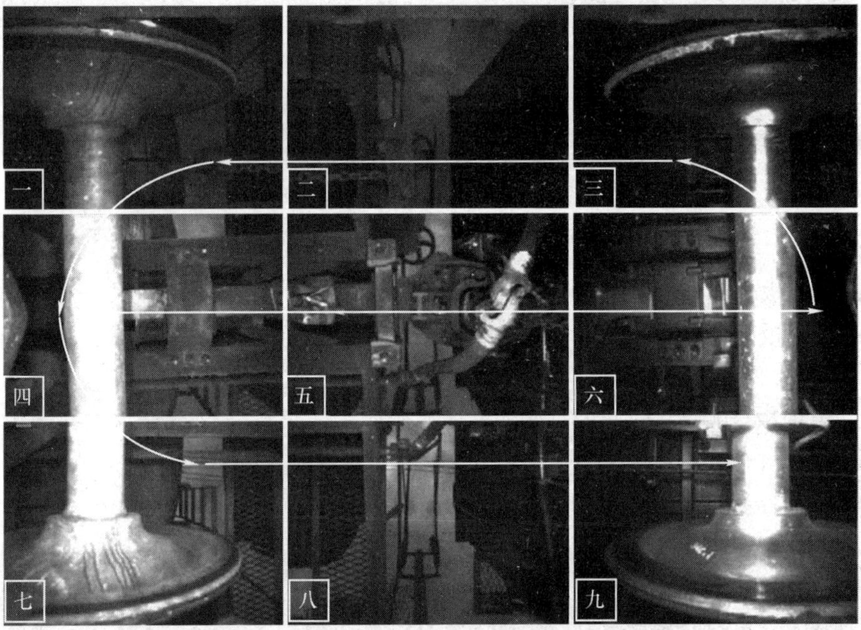

图 7.12 “e”字检查法检查车钩底部

视线流程：

图四：从板座—缓冲器—钩尾框—钩尾框托板—牵引梁—从板。

图五：钩尾销—钩托梁—车钩—钩锁铁—钩舌销—制动软管—钩托梁。

图六：钩尾销—从板—牵引梁—钩尾框托板—钩尾框—缓冲器—从板座。

图三：车轮—车地板。

图二：折角塞门—端梁—人力制动机轴链。

图一：人力制动机滑轮—人力制动机拉杆—车地板—车轮。

图七：车轮—车地板。

图八：折角塞门—端梁。

图九：人力制动机轴链—人力制动机滑轮—人力制动机拉杆—车地板—脱轨自动制动装置—车轮。

采用“e”字检查法对整幅图像进行浏览，重点检查 H 部位的易发故障，见图 7.13。H

部位：以中间三图像为中心的区域。

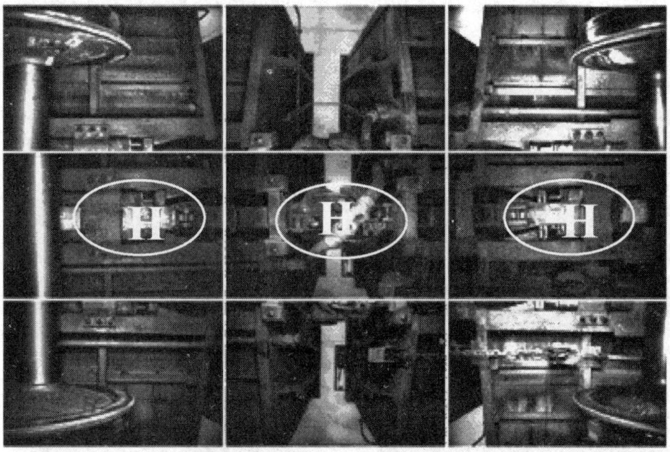

图 7.13　“e”字检查法检查车钩底部容易发生故障的部位

易发生或较严重的故障：钩尾框折断，从板折断，缓冲器破损，钩尾销（托板）螺栓丢失，钩尾框托板螺栓丢失，车钩托梁裂损及螺栓丢失，折角塞门手把关闭、不正位及丢失，钩舌推铁丢失，钩锁铁折断，防跳插销脱落、丢失等，人力制动机轴链折断、丢失，滑轮丢失。

3.“三”字检查法

检查车架底部见图 7.14。

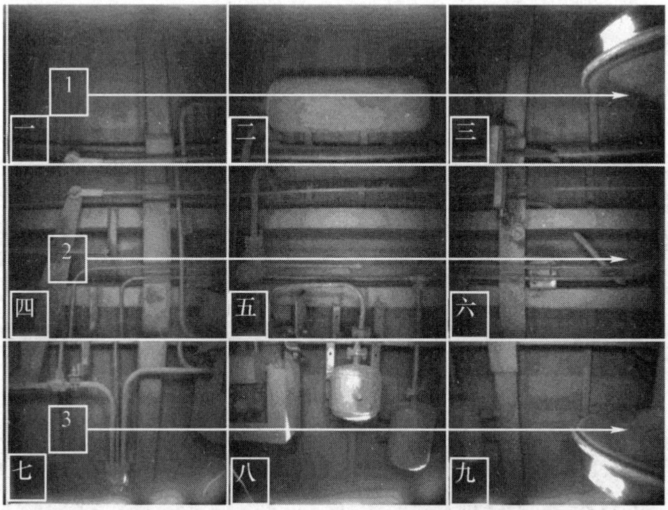

图 7.14　“三”字检查法检查车架底部

视线流程：

图一、图二、图三：车轮—车地板。

图四、图五、图六：车地板—车号自动识别标签—制动缸前杠杆及托架—闸调器。

图七、图八、图九：车轮—车地板—人力制动机拉杆、链、吊架—附加杠杆及托架—制

动缸—车地板。

采用“三”字检查法对整幅图像进行浏览，重点检查 J、K、L 部位的易发故障，见图 7.15。

图 7.15 “三”字检查法检查车架底部容易发生故障的部位

J 部位：以制动缸前杠杆为中心的区域。易发生的故障：上拉杆、闸调器连接杆、制动缸活塞推杆及圆销开口销丢失等。

K 部位：以制动缸后杠杆为中心的区域。易发生的故障：上拉杆、闸调器连接杆圆销、开口销丢失等。

L 部位：以制动缸闸调器为中心的区域。易发生的故障：闸调器控制杠杆圆销、闸调器连接杆折断、破损，制动缸吊架螺栓及螺母丢失等。

4.“z”字检查法

检查转向架底部见图 7.16。

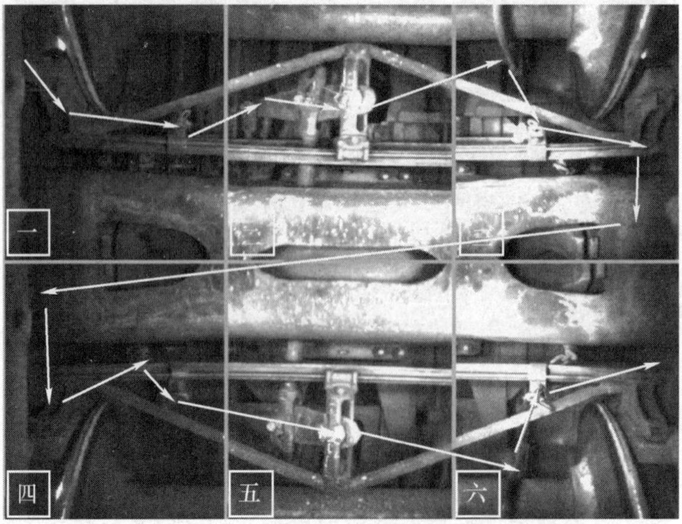

图 7.16 “z”字检查法检查转向架底部

视线流程：

图一：车轮—闸瓦—闸瓦托—制动梁端轴—摇枕圆弹簧—制动梁安全链—制动梁梁体。

图二：下拉杆及圆销、开口销—移动杠杆—制动梁支柱及圆销、开口销—上拉杆及圆销、开口销—心盘螺栓—制动梁梁体—安全吊。

图三：制动梁梁体—制动梁安全链—车轮—闸瓦—闸瓦托—制动梁端轴—摇枕圆弹簧—摇枕（沿图三长箭头指向图四）。

图四：摇枕圆弹簧—制动梁端轴—闸瓦—闸瓦托—车轮—制动梁安全链—制动梁梁体。

图五：下拉杆及圆销、开口销—固定杠杆—制动梁支柱及圆销、开口销—固定支点圆销、开口销—心盘螺栓—制动梁梁体—安全吊。

图六：制动梁梁体—制动梁安全链—摇枕圆弹簧—制动梁端轴—闸瓦托—闸瓦—车轮。

5.“8”字检查法

检查转向架底部见图 7.17。

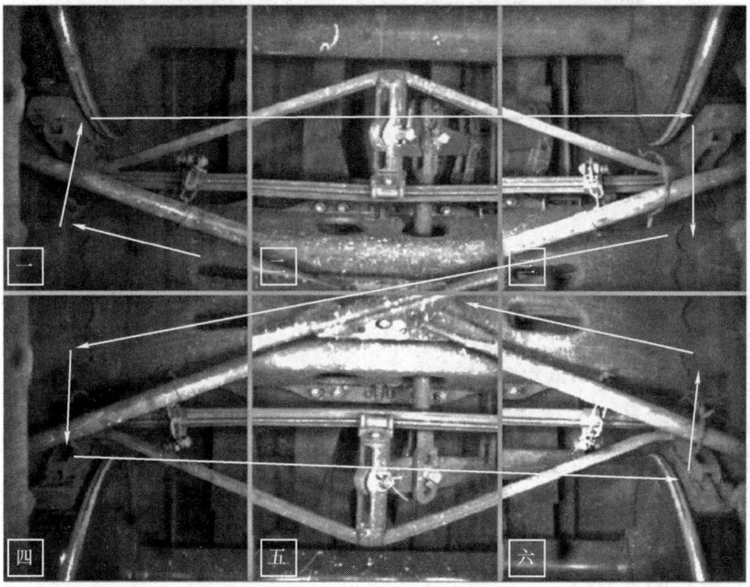

图 7.17　“8”字检查法检查转向架底部

视线流程：

图一：交叉杆—摇枕圆弹簧—闸瓦—闸瓦托—车轮—安全索—制动梁端轴。

图二：固定支点及圆销、开口销—制动梁支柱及圆销、开口销—中拉杆及圆销、开口销—制动梁夹扣—心盘螺栓—制动梁梁体—交叉杆扣板螺栓。

图三：车轮—闸瓦—闸瓦托—安全索—制动梁端轴—交叉杆—摇枕圆弹簧—摇枕（沿图三长箭头指向图四）。

图四：摇枕圆弹簧—交叉杆—闸瓦托—闸瓦—车轮—安全索—制动梁端轴。

图五：上拉杆及圆销、开口销—中拉杆及圆销、开口销—制动梁支柱及圆销、开口销—制动梁夹扣—心盘螺栓—制动梁梁体—交叉杆扣板螺栓。

图六：车轮—闸瓦—闸瓦托—安全索—制动梁端轴—摇枕圆弹簧—交叉杆。

采用“z”字、“8”字检查法对整幅图像进行浏览，重点检查 D、E、F、G 部位的易发故障，见图 7.18。

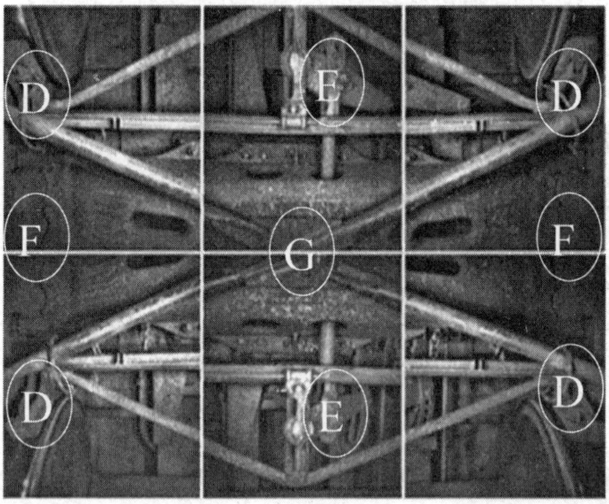

图 7.18 “z”字、“8”字检查法检查转向架底部容易发生故障的部位

D 部位：以闸瓦托为中心的区域。

易发生的故障：制动梁端部梁架折断，闸瓦及闸瓦插销故障，脱轨自动制动装置拉环丢失、变形等。

E 部位：以固定杠杆和移动杠杆为中心的区域。

易发生的故障：上拉杆、中拉杆、下拉杆、固定杠杆支点、固定杠杆支点座、制动梁支柱圆销及开口销折断、丢失，心盘螺栓丢失等。

F 部位：以摇枕弹簧为中心的区域。

易发生的故障：摇枕弹簧窜出、丢失等。

G 部位：以两交叉杆的交叉点为中心的区域。

易发生的故障：交叉杆折断，夹板螺栓丢失，交叉杆盖板裂损，交叉杆弯曲变形等。

6.“v”字检查法

检查车钩部位见图 7.19。

图 7.19 “v”字检查法检查车钩部位

视线流程：端梁（端墙板）—折角塞门—制动软管—人力制动机轴链—软管连接器—制动软管—防跳销—车钩提杆—车钩提杆座—端梁（端墙板）。

采用“v”字检查法对整幅图像进行浏览，重点检查 I 部位的易发故障，见图 7.20。

图 7.20　“v”字检查法检查车钩部位容易发生故障的部位

I 部位：以车钩为中心的区域。

故障类别：折角塞门手把关闭、丢失，人力制动机轴链脱落、折断，钩提杆链折断，钩提杆变形、脱落等。

任务 7.3　TFDS 设备检修

任务描述

通过实习或模拟实训进行 TFDS 设备检修作业实践。

1. 环境与设备

TFDS 探测站或实训中心。

2. 项目形式

跟岗实习或实训。

3. 注意事项

正确使用劳动保护用品，严格遵守铁路企业安全规程，严格遵守实训场地安全规范。

4. 安全风险控制

（1）禁止饮酒上岗，班前、班中严禁饮酒（红线规定）。

（2）检修作业必须全部在“天窗点”内进行。

（3）驻站（调度所）联络员或现场防护员不得临时调换，施工和维修作业必须在维修和防护人员全部到位后，方可进行。

（4）现场防护人员严禁靠近作业点，与作业人员聊天、参与作业，必须集中精力进行防护，做好与作业人员的呼唤应答。

（5）作业人员和防护人员要严格执行“一线来车，双线下道”的人身安全规定，在来车避让时，必须下到股道以外，严禁在两轨道间避让。

（6）驻站防护员和现场防护员之间在有来车信息时要及时联控，无来车信息也必须执行3～5 min联控制度。

（7）所有作业人员、防护人员严禁携带手机上道作业，上道前手机必须存放在室内，禁止在股道上接听或拨打手机。

（8）室外设备无“松、垮、脱”现象。

（9）设备各项技术指标符合要求。

5. 作业注意事项

（1）作业人员穿着统一带反光条的工作服、防护服，穿防滑鞋，携带防护证、口哨、安全防护袖标及对讲机等安全防护用品，并对对讲机进行呼叫试验及电量检查。

（2）检修组长明确检查重点、作业项目、作业分工、安全注意事项。

（3）高速铁路驻站联络员提前1 h、普速铁路驻站联络员提前40 min到达车站运转室，与车站值班员核对天窗修计划并填写“运统–46”。向车辆段工作站报到。

（4）进入线路封闭网之前，驻站联络员与现场防护员进行远距离对讲机呼叫试验。

（5）驻站联络员接到车站给点通知确认可以上线作业后，使用标准用语呼叫现场防护员：“××线××区段，天窗点已开始，线路安全，可以上线。”

（6）现场防护员接到驻站联络员入网通知后，带领现场检修人员进入封闭网，沿着线下走向探测站。

（7）到达探测站后，现场检修作业人员应将手机放在探测站“手机存放处”，向车辆段工作站报到后严禁再次使用手机。

（8）现场检修人员利用探测站座机电话，使用标准用语（“路局集团公司监测站，×××车辆段×××探测站维修工×××做半月检，防护人×××”，“车辆段工作站，×××探测站维修工×××做半月检，防护人×××”）向路局集团公司监测站、车辆段工作站报到，了解设备运行状态。

（9）在探测站检查工具齐全、仪器仪表状态良好。

（10）现场防护员到达防护位置，检查作业区域、行走通道有无影响作业的障碍物并及时清除，通知现场检修人员“线路安全，可以上道”后开始作业。

（11）驻站防护员和现场防护员之间在有来车信息时要及时联控，无来车信息也必须执行3～5 min联控制度。有来车信息时的联控用语为，驻站联络员：“××线××行方向来车，请立即下道避让。”现场防护员：“××线××行方向来车，立即下道避让，收到。”无来车信息时的联控用语为，驻站联络员：“线路无车通过，可继续作业。”现场防护员：“线路无车通过，可继续作业，收到。”

（12）防护中断应急处置措施。

防护中断主要是指驻站联络员与现场防护员联系中断，3次分别是第一、第二次用对讲机（公网对讲机）联系，第三次用天翼手机（或手持机）联系，每次时间间隔30 s，第一、第二次联系时应移动位置，站在相对高处。共分5种情况。

①天窗点外作业无来车情况下，现场防护员主动与驻站联络员联系3次不畅时的处置措

施：现场防护员立即督促现场维修人员停止作业、下道避车，人员和工器具撤离限界以外。

②预报列车信息，驻站联络员与现场防护员联系 3 次不畅时的处置措施：驻站联络员立即拨打作业人员手机，做好下道避车准备，并让作业人员督促现场防护员调整站位，保证联控通畅。

③确报列车信息联系 3 次不畅时的处置措施，驻站联络员与现场防护员联控不畅时的处置措施：当驻站联络员连续呼叫现场防护员 3 次，现场防护员无应答时，驻站联络员立即报告车站值班员，扣停列车（或列车以不超过 20 km/h、随时停车速度运行）。

④站内施工作业列车信息联系 3 次不畅时的处置措施：当驻站联络员连续呼叫现场防护员 3 次，现场防护员无应答时，驻站联络员立即报告车站值班员，扣停列车（或列车以不超过 20 km/h、随时停车速度运行）。

⑤来车时，作业人员及工器具未及时下道时的处置措施：现场防护员要面向列车运行方向，密切注意列车运行动态，发现来车作业人员、工器具未及时下道时，现场防护员应急速奔向列车，展开红色信号旗（灯）或徒手显示停车信号，拦停列车。

6. 作业流程

1）室外设备检修

（1）沉箱、侧箱检查。

① 检查保护门及箱体。

在车辆信息采集工控机“车辆信息采集程序”中，单击“系统”—“手控设备”（DSP 模式：打开信息采集工控机“DSP 控制箱控制程序”）—“开门”，确认沉箱、左右侧箱保护门开启正常。擦拭箱体，箱体清洁，箱内无异物，箱体无破损。单击“关门”，确认保护门关闭正常。

② 检查沉箱。

- 在车辆信息采集工控机“车辆信息采集程序”中，单击“系统”—“手控设备”—“开启风机”，确认风机开启正常。此时“开启风机”转变为“停止风机”，单击“停止风机”，确认风机关闭正常。用镜头纸擦拭相机镜头防护玻璃，防护玻璃清洁无尘。
- 用镜头纸擦拭补偿光源防护玻璃，防护玻璃清洁无尘。检查灯架无松动。
- 各转动部件转动灵活。
- 各连接部、螺丝紧固，接线端子插头无松动。

③ 检查左侧箱。

- 用镜头纸擦拭相机镜头防护玻璃，防护玻璃清洁无尘。
- 用镜头纸擦拭补偿光源防护玻璃，防护玻璃清洁无尘。检查灯架无松动。
- 各转动部件转动灵活。
- 各连接部、螺丝紧固，接线端子插头无松动。

④ 检查右侧箱。

右侧箱检查方法与左侧箱检查方法一致。

（2）检查补偿光源。

在车辆信息采集工控机“车辆信息采集程序”中，单击“系统”—“手控设备”（DSP 模式：打开信息采集工控机“DSP 控制箱控制程序”）—“开门”，保护门打开后单击“开灯”，打开补偿光源，确认沉箱、左右侧箱补偿光源开启正常。此时“开灯”转变为“关灯”，单击“关灯”，确认补偿光源关闭正常。

（3）检查监控摄像机。

● 直观检查监控摄像机固定良好，用镜头纸擦拭摄像机镜头防护玻璃，防护玻璃清洁无尘。

● 通过摄像机视频监控程序，确认摄像机工作正常。

（4）检查智能跟踪装置。

● 用清洁布擦拭天线及防护罩，直观检查外观无破损、变形，上盖防水作用良好。

● 使用扳手，分别卡住卡具安装架螺栓，顺时针方向紧固，无锈蚀。使用扳手检查护管接头紧固，同轴电缆接头无松动。

● 在车辆信息采集工控机“车辆信息采集程序”中，单击“系统”—“手控设备”—“测试车号”。（DSP 模式：打开信息采集控机“DSP 控制箱控制程序”—“开车号”。）

● 将微波场强仪置于室外天线上方高度 1 m 位置，沿来车和去车方向水平缓慢移动，观察智能跟踪箱接收指示灯或微波场强仪显示读取状态，用钢卷尺测量出天线最大读取范围，符合≥1.2 m 标准。

● 测量完毕，单击“自检功能”—“状态单独控制”（DSP 模式：打开信息采集控机“DSP 控制箱控制程序”）—“关车号”。

（5）检查磁钢及卡具。

● 磁钢清洁、紧固，无破损。使用清洁布擦拭磁钢表面，磁钢表面清洁。使用扳手顺时针方向紧固磁钢安装螺栓螺母。直观检查磁钢外观无破损，磁钢破损时需更换。

● 卡具清洁，无锈蚀，不受钢轨及砟石挤压，卡具安装紧固。使用清洁布擦拭卡具表面，卡具清洁无锈。卡具锈蚀时，除锈刷漆。卡具受砟石挤压时，清理砟石。用扳手顺时针方向紧固卡具螺栓螺母。

● 测量 1#、2#磁钢中心距离。将磁钢测量尺端头与 1#磁钢左端面对齐，目光垂直于测量尺纵向刻度尺，读取 2#磁钢左端面对应的刻度值，符合（270±2）mm 标准，超标需调整。测量 3#、4#磁钢中心距离方法与测量 1#、2#磁钢中心距离方法一致。

● 测量磁钢顶面距轨平面距离。将磁钢测量尺立面与钢轨内侧面密贴，水平面与轨平面或磁钢顶面密贴，用直尺测量另一水平面与磁钢顶面或轨平面距离，符合（37±2）mm 标准，超标需调整。

● 测量磁钢外沿距钢轨内侧距离。将磁钢测量尺向钢轨内侧推动，测量尺立面与钢轨内侧面密贴，目光垂直于测量尺端头刻度尺，读取磁钢外沿对应的刻度值，符合 88 mm 标准，超标需调整。

（6）测量磁钢技术指标（使用磁钢检测仪）。

● 测量输出幅值。打开 1#磁钢信号电缆线头，将磁钢检测仪触发磁头放置在被测磁钢顶部，检测仪红测试夹与磁钢正极连接，黑测试夹与磁钢负极连接，保持绝缘良好，按“输出幅值”测试键，读取数码管显示该磁钢输出幅值，满足（14±1） V。2#、3#、4#磁钢按同样方法检测。

● 测量磁钢绝缘电阻值。打开 1#磁钢信号电缆线头，将磁钢正负极短接后接红测试夹，黑测试夹接钢轨或磁钢外壳，按“绝缘电阻”测试键，读取数码管显示该磁钢的绝缘电阻，应大于 200 MΩ。2#、3#、4#磁钢按同样方法检测。

（7）检查分线箱。

- 直观检查分线箱外观无破损，油漆良好，用清洁布擦拭分线箱表面及四周，保证清洁。
- 用钥匙开启分线箱锁，双手翻开箱盖，开启灵活，直观检查密封条良好，箱内无积水。
- 用毛刷清扫分线箱内灰尘。
- 用套筒顺时针方向旋转紧固各接线螺母。
- 关闭箱盖，锁闭分线箱。

（8）检查轨边监控设备。

- 目视相机镜头无脱落损伤，无划痕，使用镜头纸擦拭镜头。紧固摄像机固定螺栓。
- 使用软件观察确认摄像机工作正常。

2）室内设备检修

（1）检查机柜。

- 用清洁布擦拭主机柜及设备，设备清洁无尘。用毛刷清扫工控机风扇滤尘网。
- 检查工控机风扇是否运转正常，无擦片、异响。如有异常，更换风扇。
- 检查机柜后面板各接口插接件无脱落、松动。如松动，重新插接紧固。

（2）检查 DSP 控制箱。

- 检查 DSP 控制箱箱体，箱体清洁、无尘。
- 各插头、插座紧固，接触良好。
- DSP 风扇板作用良好，风扇无卡滞、异响。
- DSP 电源板+5 V、+12 V 指示灯正常点亮。
- DSP 控制板指示灯显示正常。
- DSP 图像采集板各指示灯显示正常，百兆网、千兆网显示正常，接车时触发、采集指示灯同时闪亮。

（3）检查 TFDS 采集计算机。

（4）检查磁钢信号智能处理装置。

（5）检查车号智能跟踪装置。

（6）检查两路电源转换。

（7）检查 UPS 不间断电源。

（8）检查电源防雷箱。

（9）检查信号防雷箱。

- 使用毛刷清扫箱体内外部灰尘。
- 顺时针方向紧固接线端子螺丝，各连接处连接紧固。
- 检查信号防雷模块外观无异常，无烧灼痕迹。发现异常时，用电涌保护器检测仪检测，损坏需更换。

（10）检测地线。

（11）完工整理。

① 观察设备状态。

② 定置整理。

③ 信息记录。

● 将检测结果用黑色签字笔填写在《货车运行故障轨边图像检测系统（TFDS）探测站半月检记录簿》相应检修记录栏中。

● 发生设备故障时，在《5T 及 AEI 设备临修记录簿》上按照项目详细、准确记录。

● 填错的用红色笔画杠后，另起一行填写，严禁涂改、销毁。

④ 打扫室内卫生。

3）电话报离

（1）用探测站路电拨打车辆段工作站、路局集团公司监测站电话，共同确认设备正常，经同意后报离。

（2）确认报离后，从探测站“手机存放处”取回手机，并携带好随身物品，离开探测站。

（3）现场检修人员与现场防护员离开封闭网之后，现场防护员使用标准用语通知驻站联络员：“驻站联络员×××，检修人员与本人已确认安全离开线路封闭网。”

（4）驻站联络员确认现场人员安全离开线路封闭网后，在车站天窗给点时间结束后，在车站运转室办理“运统-46”销记手续，完成后向段工作站报离后离开。

学习资料

TFDS 的检修分为日常检修和定期检修。设备检修工作必须坚持日常检修和定期检修相结合的原则，提高定期检修质量，做好日常检修工作，保证设备正常使用。日常检修包括日检、周检、临时故障处理。

7.3.1 日检

日检的重点是检查外部设备、设施的紧固、清洁等，以及对设备的使用、运行状态进行确认，对摄像机镜头进行校验并向列检室内检车员了解设备及网络的工作状态。

7.3.2 周检

周检的重点是检查外部设备、设施的紧固，进行各项技术指标的测试、校验、调整。

7.3.3 临时故障处理

临时故障处理是当设备出现临时性的故障、遭到人为或其他破坏时，对设备的各项指标进行检测，通知维修人员进行紧急抢修，如无法排除故障，应通知厂家进行维修。

7.3.4 检修质量标准

（1）磁钢夹具：清洁、紧固、无腐蚀；卡轨器不受钢轨及砟石挤压。

（2）磁钢：磁钢高度为 40 mm；开关门磁钢相距 270 mm；最大干扰噪声小于 200 mV。

（3）钢枕：钢枕内部接线整洁牢固，无窜动和磨损，无污物，绝缘良好；电路板固定牢固，无污物；保护门电机安装牢固，无阻涩，运行平稳。

（4）保护门状态检测光电开关：固定牢固，位置合理，镜面整洁。

（5）保护门控制接近开关：位置适合，固定稳固，电性能良好；补偿光源固定稳固，灯表面洁净、方向正确。

（6）室外分线箱：配线整洁美观，导线与接线排压接牢固，避免接触不良；定期除尘；定期检查各电器部件。

（7）室内设备：箱体清洁；定期进行电压测试；箱内各板卡与总线插接良好稳固；磁钢板过车时开机、开门、关门相应灯正常闪亮。

（8）输入信号处理板：各路输入信号高低电平变化时，相应各路指示灯指示正常。

（9）输出控制板：各路输出信号输出高低电平时，相应各路指示灯指示正常；控制工控机磁钢控制板状态正常。

项目检验与评价

可参考以下内容进行实训考核。

实训 1　TFDS 动态检车员检车作业

实训内容	TFDS 动态检车员检车作业
实训目标	1. 掌握 TFDS 动态检车员一次上岗作业标准 2. 具备 TFDS 动态检车员故障判别能力
实训要求	注意遵章守纪，按规定流线检车，不得跳跃、漏检
实训项目	1. TFDS 动态检车员上岗前接班（10%）
	2. TFDS 动态检车员检车流线与检车要点（40%）
	3. TFDS 动态检车员常见车体故障图像识别（40%）
	4. TFDS 值班员交班（10%）
实训评价	自我评价：
	教师与企业导师评价：

实训 2　TFDS 设备检修作业流程

实训内容	TFDS 设备检修作业流程
实训目标	1. 掌握 TFDS 设备检修作业过程 2. 培养遵章守纪、重视安全的行业素养
实训要求	注意遵章守纪，不得触碰安全红线
实训项目	1. TFDS 检修员上线前准备工作（20%）
	2. TFDS 检修员室外设备巡检（30%）
	3. TFDS 检修员室内设备巡检（30%）
	4. TFDS 检修员检修结束工作（20%）
实训评价	自我评价：
	教师与企业导师评价：
特别说明	检修过程中触碰“安全红线”，本实训成绩直接为 0 分！

项目 8

客车运行安全监控系统

项目描述

近年来，随着我国铁路大范围提速和路局集团公司直管站段生产力布局的调整，对我国客车安全运行的要求也越来越高。客车运行安全监控系统（TCDS）就是为适应这种新变化、新要求而开发的一种新型客车安全监控系统。它通过车载安全监控设备，对客车运行关键部件进行实时监测和诊断，并通过 GPRS、WLAN 等通信技术，将监控信息向地面传输、汇总，形成实时的客车运行安全监控网络，使各级车辆管理部门及时掌控客车运行及安全情况。

TCDS 作为 5T 系统的重要组成部分，通过对客车运行中的供电、车下电源、空调、轴温报警器、防滑器、制动系统、转向架动力学性能等影响行车安全的因素进行实时监控，通过地面监控设施的建立，实时掌握客车的运行安全状况，并在车辆进库后指导故障检修，动态控制客车应用质量状态，切实保障客车运行安全。

学习目标

1. 了解 TCDS 的组成及作用
2. 了解 TCDS 中各车载设备并掌握其操作方法
3. 了解 KAX-1 客车行车安全监测诊断系统的组成及作用
4. 掌握 KAX-1 客车行车安全监测诊断系统的检修与试验

任务 8.1　TCDS 认知

任务概述

通过对 TCDS 的认知，解决以下问题：

（1）TCDS 的作用是什么，有哪几个组成部分；

（2）安装 KAX-1 系统的目的是什么；

（3）KAX-1 系统有哪几部分组成；

（4）TC－CZ2 系统的作用是什么。

学习资料

8.1.1　TCDS 简介

TCDS 主要包括车载安全监控系统、车载信息无线传输装置（主要包括 GPRS 通信设备、GPS 装置、CPU 板块）、客列检 WLAN 联网设备、数据转发工控机和地面服务器。TCDS 结构示意图如图 8.1 所示。

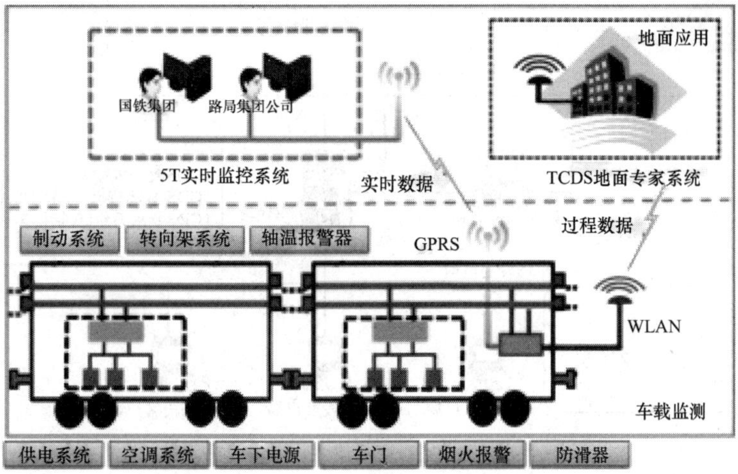

图 8.1　TCDS 结构示意图

TCDS 对列车运行中危及行车安全的主要设备（供电系统、空调系统、车下电源、车门、烟火报警、轴温报警器、防滑器、制动系统、车体、转向架动力学性能、轮对状态等）的工作状态，通过车载无线传输装置中的 GPRS 通信设备实现远程监控；通过车上 GPS 装置实时向地面报告列车运行位置信息。车站到站后通过 WLAN 与地面联网，自动下载数据，并通过地面专家系统进行故障诊断和分析，定位故障，指导检修，消除安全隐患；通过 Web 终端查询系统行车车辆段、路局集团公司、国铁集团三级监控中心，实现车辆的安全运用、维修、管理和监督。

TCDS 严格按照 5T 系统的组网要求，充分体现“分散检测、集中报警、联网监测、信息共享”原则，建立三级联网、三级应用管理模式。其中，三级联网模式为：客车与车辆段监控中心联网、车辆段与路局集团公司监控中心联网、路局集团公司与国铁集团查询中心联网；三级应用管理模式为：车辆段级应用、路局集团公司级应用、国铁集团级应用。

TCDS 联网方案为：车辆段、客车整备所、客列检之间采用 2 Mbps 以上专用通道实现联网；车辆段与基层数据汇聚中心之间的通道速率要求在 128 kbps。其网络拓扑结构图如图 8.2 所示。

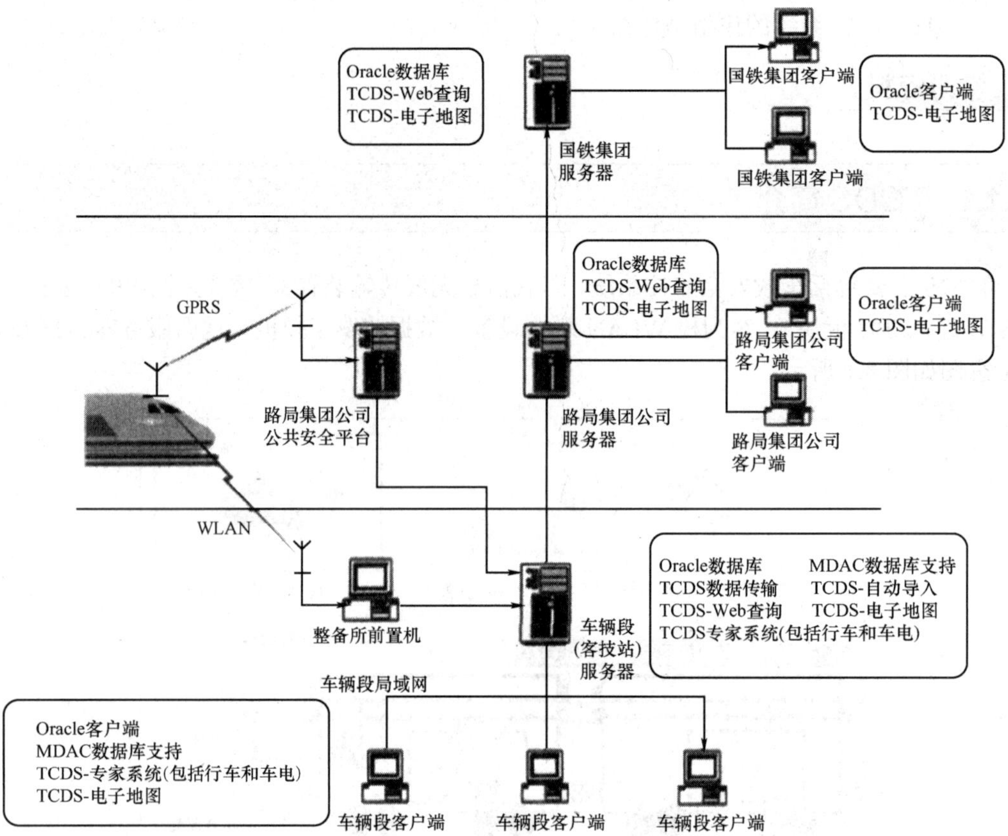

图 8.2　TCDS 网络拓扑结构图

8.1.2　TCDS 各子系统

1. KAX−1 客车行车安全监测诊断系统

改进铁路客车行车安全检测诊断系统的监控能力，提高精度及准确度，改善通信系统，以适应维护铁路客运安全的需要，是一个急需解决的现实问题。特别是我国铁路正在向高速、重载、大密度的方向发展，对铁路运输的安全提出了更高的要求，作为重中之重的铁路客运安全，必然要给予足够的重视。降低事故最有效的途径是预防，应运用先进的技术手段，在铁路客车内监测可能发生各种危及行车安全的重大部件。KAX−1 客车行车安全监测诊断系统正是在这样的背景下发展起来的，对铁路客车的防滑系统、车电系统、转向架系统、制动系统等关键部位进行实时监测，保持其在运用中的良好性能和技术状态。

KAX−1 客车行车安全监测诊断系统由车载实时系统、地面专家系统组成。车载实时系统完成对运行中列车各车辆的防滑器、制动系统、转向架的安全监测诊断；事件的集中显示与报警；报警事件与监测对象过程数据的记录；利用移动存储器将记录的事件与过程数据下载到地面专家系统。地面专家系统将事件与过程数据导入数据库，生成与打印报表，利用查询、回放、对比、二次诊断等技术对事件进行分析确认，指导车辆检修。地面专家系统为车辆的检修管理提供信息化平台。系统组成如图 8.3 所示。

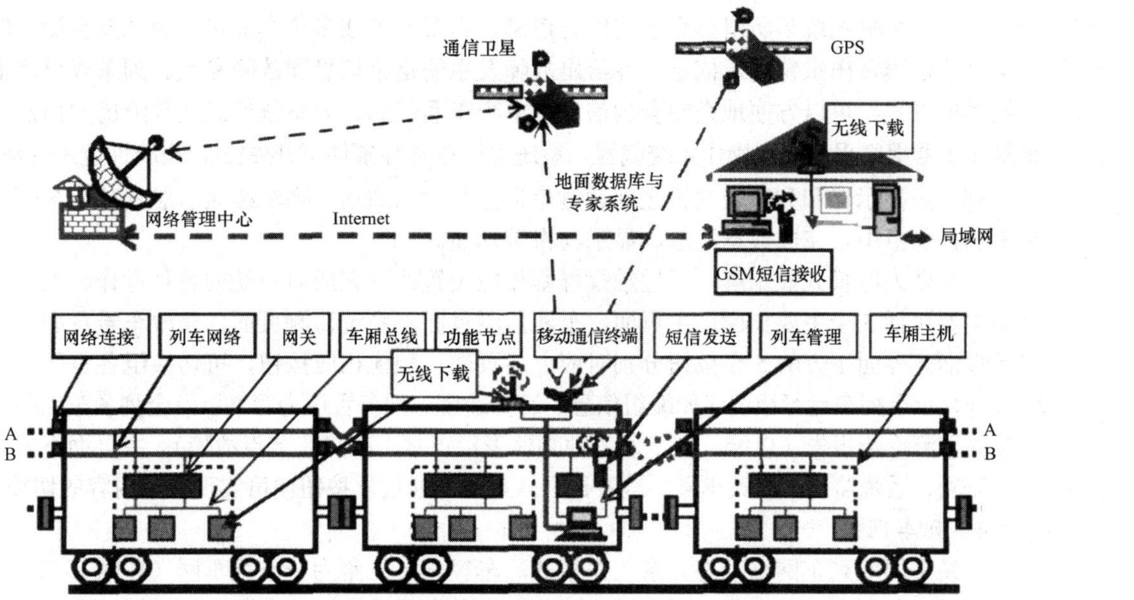

图 8.3　客车行车安全监测诊断系统组成

1）KAX−1 车载系统

KAX−1 车载系统的硬件结构由三部分构成：车厢级主机、列车网络、列车级主机。车载检测装置对运行客车的供电、空调、电源、车门、火灾、轴温、防滑器、制动系统、转向架等关键部件进行实时监测、诊断和报警，并以无线方式传输到地面监测中心，实现地面对运行客车的状态监控。

2）车厢级网络系统

车厢级网络系统有 4 个功能级监测诊断子系统，1 个显示节点和车厢网关通过 LonWorks 车厢总线组成车厢级网络系统。各功能子系统诊断报告与过程数据，通过车厢网关和列车总线传送给列车网络管理器。功能示意图见图 8.4。

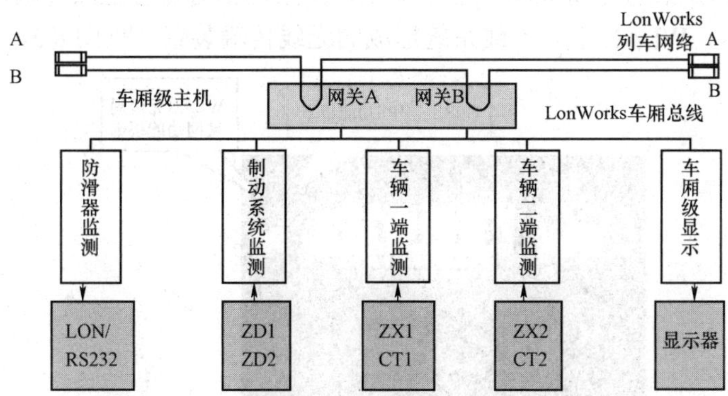

图 8.4　车厢级主机监测诊断功能示意图

3）列车级主机（含触摸式显示屏）

列车级显示器显示整列车的安全监测诊断信息。列车级显示器可以显示当前所有车辆的制动系统、车辆系统和防滑器系统的所有信息，当某一个或多个车厢出现潜在安全隐患时，列车级显示器发出报警提示信息，并给出故障发生的定位信息和故障参数。列车级显示器采用触摸屏方式，可以方便地查阅全列信息、单个车厢信息、分系统信息及故障历史信息。列车级显示器程序采用嵌入操作系统编程，系统可以在各种条件下开/关机，系统性能不受影响。

列车级显示器和列车级主机之间通过串口进行数据通信。列车级显示器安装在车辆工程师车的控制柜中，完成数据汇总、显示与报警功能。

显示器为触摸式显示屏，通过触摸屏幕相应位置即可完成对系统的各种操作。人机交互界面主要包括 5 个主要页面：主页面，车厢监测页面，系统监测页面，修改车号页面，查看记录页面。界面下方的 5 个按钮分别对应上述页面，触摸相应按钮，可切换至各页面。主页面综合显示全列车运行概况（如编组信息、运行速度、列车管压力等）以及全列各车厢各监测项目的监测诊断报告（以绿、红、黑三种颜色表示正常、故障、节点故障）；主页面下方设有车厢监测、系统监测、修改车号、查看记录软按钮，通过软按钮便可实现显示内容的切换。

4）列车网络

系统采用双列车网络动态冗余工作模式。车辆一、三角为一条列车网（A 网），车辆二、四角为另一条列车网（B 网），组网线也类似。列车级网络连接一台列车级主机和多台车厢级主机，分 A 网和 B 网，A、B 网在每节车厢的两侧平行布置。车厢级主机汇总本车厢各节点的信息向列车级管理器转发，并且接收列车级管理器发送的命令。列车级主机管理 A、B 两个列车级网络，汇总各个车厢代理节点发送来的信息并进行存储和分析。列车级主机采用嵌入式系统，管理器采用嵌入式实时操作系统，运行内核很小，并且使用的资源优化为最少，仅在需要的几个进程之间交换信息，系统运行稳定，可以随时掉电而不会损害系统本身。

2. 车载信息无线传输装置

2004 年首先在 25T 型客车配备 KAX－1 客车行车安全监测诊断系统。2005 年铁道部 5T 建设开始，TCDS 一期建设（六大干线）也随之启动。2008 年、2011 年和 2016 年通过扩展和多期建设，形成了比较完备的 TCDS。目前主型的 TCDS 车载设备主要包括 TC－CZ1 型和 2014 年统型后的 TC－CZ2 型。

早期的 TC－CZ1 装置是将 25T 型客车 KAX－1 监测信息进行无线传输，工程师车车厢级主机增加 GPRS 卡、WLAN 卡和天线系统形成的无线传输装置，见图 8.5。

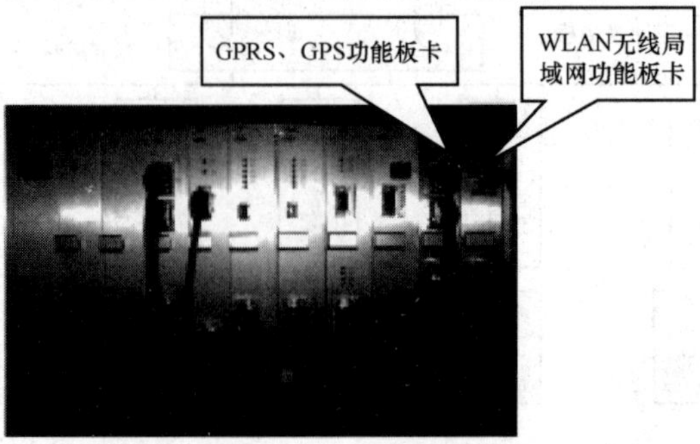

图 8.5　KAX－1 工程师车厢主机+TC－CZ1 装置

TC－CZ2 是在 TC－CZ3、TC－CZ5、TC－CZ6、TC－CZ7 四种型号主机基础上统型设计的装置。统型后的 TC－CZ2 主机在软件设计上采取功能模块化设计方案，硬件构成上按照满足车载信息无线传输装置最大需求进行配置。通过不同的软硬件配置，一台 TC－CZ2 主机就能满足以上 4 种主机不同应用配置的需求。统型后装置的软硬件将更加可靠，并为使用、软硬件维护和装置检修带来方便。

TC－CZ2 主机为 4U 结构。上部为主机各板卡，下部为风扇散热单元。有两种风扇散热单元：有温度开关控制的风扇散热单元和无温度开关控制的风扇散热单元。

TC－CZ2 最大功能配置安装布局和主机面板如图 8.6、图 8.7 所示。主机面板有 8 块板卡。TC－CZ2 可根据不同车型的监测要求（轴温监测或管压力监测或车电监测）进行配置而不用更换主机型号。出厂时，不用的功能板卡用盲板覆盖。

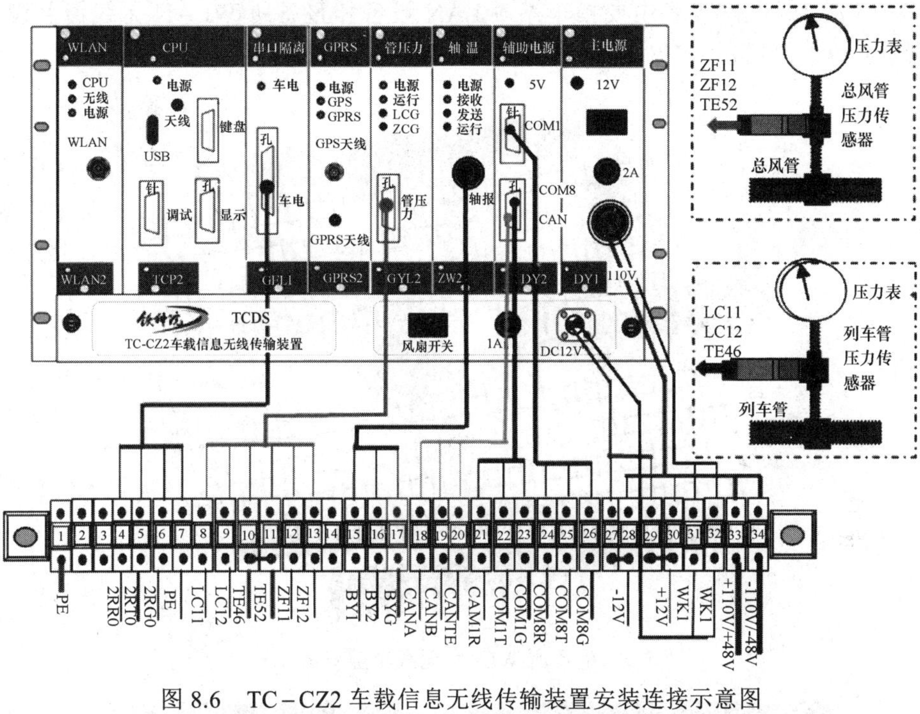

图 8.6　TC－CZ2 车载信息无线传输装置安装连接示意图

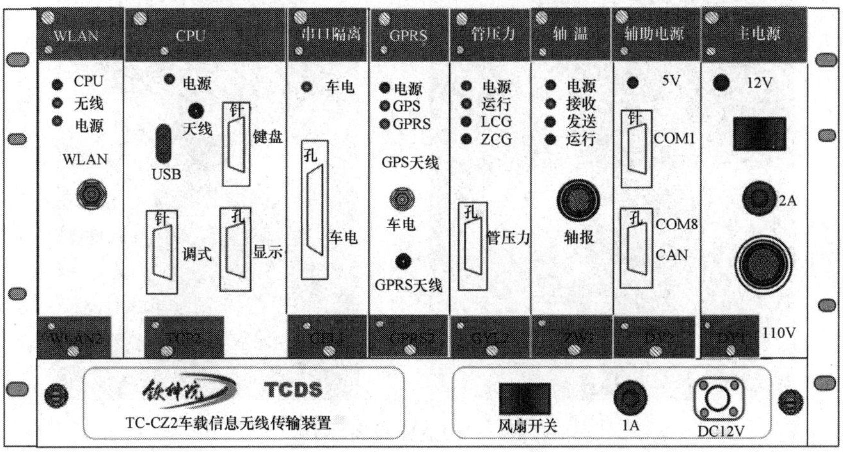

图 8.7　TC－CZ2 主机面板各板卡

TC–CZ2 型车载信息无线传输装置适用于所有 25 型客车目前应用需求，主要功能包括：监测总风管、列车管压力；通过 FSK 通信协议接收全列轴温报警器信息并实现在 TC–CZ2 主机 CPU 二次轴温诊断报告；通过 RS232 与车电监测系统的车电安全网关通信，接收全列车电监测信息；接收 GPS 信息；将监测报告通过 GPRS 实时发送到路局集团公司安全平台，实现客车国铁集团—路局集团公司—车辆段三级实时安全监控；列车到站时，TC–CZ2 主机通过车站 WLAN 无线局域网将实时传输并记录保存的数据成批自动下载到地面列车所属的客列检双机服务器中。

3. 客列检 WLAN 联网设备

客列检 WLAN 联网设备主要指车站 WLAN 设备和整备所 WLAN 无线覆盖设备（如图 8.8 所示）等，包括各种 WLAN 节点及设备（如图 8.9 所示）。

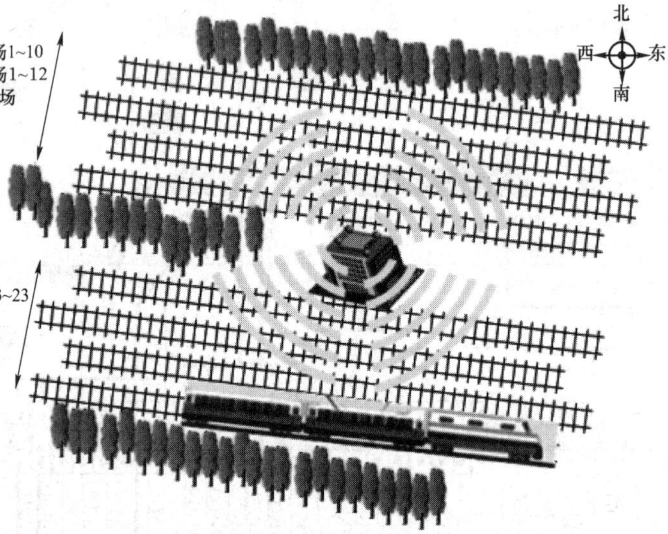

图 8.8　整备所 WLAN 无线覆盖设备示例

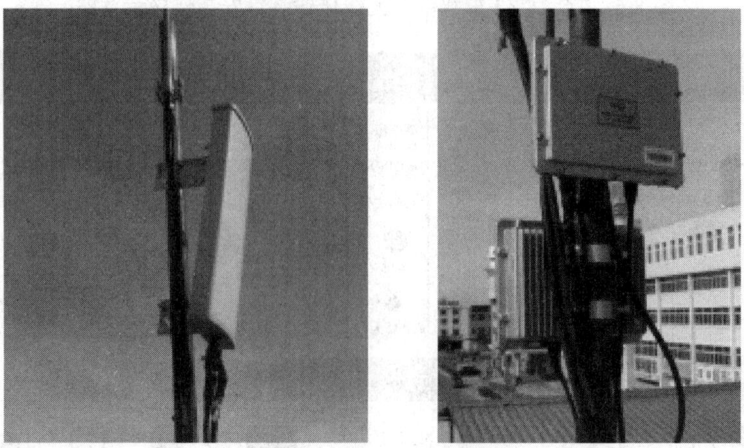

图 8.9　WLAN 设备示例

4. 地面数据库与专家系统

地面数据库与专家系统是 TCDS 的重要组成部分。TCDS 车载实时监测系统到站时将记录的报警事件和大量过程数据通过 WLAN（或 USB 存储器）下载到地面系统，地面系统对下载的数据进行解析存储、智能决策、故障确认、事件分析和打印报表。

通过 TCDS 地面专家系统，对客车运行过程中所发生的各种事件有详细的了解，有数据的佐证，为车辆故障报警事件的定量分析提供有力的依据。

TCDS 地面专家系统是一种用数据和量化的方法去分析和诊断车辆故障的工具，处理数据量大。地面专家系统具有对历史数据的保存、检索和统计分析功能，应用于车辆故障地面综合诊断、故障统计、车辆故障演变趋势跟踪，为车辆运用进行动态质量控制提供信息平台。

任务 8.2　KAX-1 系统检修与试验

任务描述

完成 KAX-1 系统的检修与试验。

1. 地点

待检客车或实训室。

2. 人员

持有相关证书的检车员或学习人员。

3. 注意事项

确认列车防溜措施得当；作业前插设防护号志；按规定穿戴劳动保护用品，携带好作业工具。

4. 作业流程

1）外观检查 KAX-1 车厢级主机配线及其连接电缆

（1）依次检查与 KAX-1 车厢级主机连接线及插件。

（2）外观检查 KAX-1 车厢级主机接线排及其接插件。

2）KAX-1 车厢级主机板卡检查及通电试验

（1）外观检查各板卡。

（2）通电检查各板卡。

① 用万用表检查主机电源电压应在 DC 110 V 供电电源范围内。

② PIC1 板卡上开关指示灯亮，将开关拨到“ON”位，此时 PIC1 板卡上的“PD”灯点亮，表示正常输出 24 V 电压。

③ 通电检查各板卡指示灯状态，根据《KAX-1 主机各板卡指示状态表》观察各板卡指示灯状态，若发现有故障时，参照《KAX-1 客车行车安全监控系统常见故障检修方法》排除故障。

④ 检查显示车厢号应与列车实际车厢号一致，否则按“K1”或“K2”按钮调整车厢号。

3）在 KAX－1 报警显示终端上进行调试和功能测试

新 25T 型客车在监控柜门上安装了报警显示终端，检查报警显示终端接线正确、作用良好。柜门上未安装报警显示终端时，手持报警显示终端，连接网线至主机显示板卡“J11”插口。

（1）检查车号、车厢号、车厢类别设置。

（2）检查网络通信状态。

（3）板卡通信（车厢级监测信息）功能测试。

进入车厢级板卡通信监测页面，该页面显示车厢级防滑器、制动、一端转向架、二端转向架板卡的车厢总线联网通信功能是否正常。通信正常的情况下，相应板卡的通信进展条规律性地向前进展。

（4）制动系统监测功能检测。

进入板卡制动系统监测页面，页面上显示列车管、制动缸的当前压力及制动机的状态，当进行单车试验时，页面上显示对应的试验工况。

（5）防滑器监测功能测试。

进入防滑器节点监测页面，此页面显示当前防滑器速度传感器、防滑排风阀有无故障。监测页面显示与当前防滑器显示代码的意义一致时，说明监测功能正常。

（6）转向架监测功能测试。

分别进入一端、二端转向架节点监测页面，C11、C12、Z11（二端为 Z21）分别表示车体横转向、车体垂向、转向架横向测量项。测量项后面是板卡对应通道监测值。

（7）制动声光报警功能测试。

当列车级主机监测到制动系统有严重故障时，全车各车厢报警显示终端发出声光报警，同时显示屏上显示报警车号和报警内容。制动故障消除时，各车厢报警显示终端自动停止报警。按下“●”，该蜂鸣器立即停止蜂鸣，红灯仍闪烁，显示页面显示报警内容。其他车载 4 s 左右停止鸣叫，红灯仍闪烁。

4）检查列车网络并校线

按照端子排接配线标示及接线图找出列车的两组网线。

（1）通过网管板卡 WG2 的指示灯判断列车网络状态。

（2）在列车头、尾部，用万用表分别对两条列车网线做联通检查与线号确认。

5）车下转向架监测子系统检查

检查项主要包括构架加速度传感器（横向和垂向）和车体加速度传感器及其接线盒、配线。一端和二端转向架应分别进行检查。

6）车下制动监测子系统检查

检查项主要包括列车管、制动缸、总风管压力传感器及其接线盒、配线。若传感器出现故障，应在更换传感器后，在改测点经受最高气压时检查其密封性。

7）填写检修记录，完工检查

进行检修记录填写及完工检查。

学习资料

KAX−1 及 TCDS 作为客车的一个组成部分，和客车的其他装置一样，在每一级修程同步进行检修。这需要采用相关的设备进行检测，同时经过试验才能确定检修标准。

8.2.1　主机检测

主机主要检测板卡功能及各配件状态，板卡功能初步诊断可通过通电自检时指示灯的状态进行确认，自检通过，再与模拟试验台进行连挂，进行联网通信试验。

采用模拟试验台，能模拟 25T 型车 KAX−1 列车级主机的功能，能替代工程师车，在任何一辆车上安装使用该装置，同样在地面配套试验时用作列车级主机。其能够实时存储运行数据，可以通过 U 盘下载过程数据，数据格式与 KAX−1 列车下载数据兼容，能够导入地面专家系统。采用和 KAX−1 兼容的 DC 110 V 电源及电源连接器，可以方便地连接到车厢级主机上。支持 LonWorks 网络，可以直接在端子排上插接网线同全列联网。程序界面操作方法与 KAX−1 车载显示屏相同，容易使用。

8.2.2　传感器检测

1. 压力传感器检测

25T 型客车、快速邮政车行车安全系统制动节点的传感器是电流型（4～20 mA）压力传感器，压力与电流的对应关系是：零点压力（0 kPa）传感器输出 4 mA，满量程压力（1 000 kPa）传感器输出 20 mA，其间（0～1 000 kPa）可认为是线性输出。

当某一辆车频繁报列车管传感器故障或制动缸传感器故障（可从工程师车的监控屏查看到，或从地面诊断系统查看到），或从地面诊断系统查看到一列车中个别车的列车管（或制动缸）压力曲线明显与其他车列车管（或制动缸）的压力曲线不同（偏高、偏低 20 kPa 以上或输出曲线紊乱）时，应检查相应的压力传感器。

从车上拆下待检测的压力传感器须在室温（20～25 ℃）条件下检测：将组合垫圈套在传感器 G1/4 英寸（外螺纹）接头处，再用扳手将快速接头（G1/4 英寸内丝转 8 mm）与传感器拧紧，保证不漏气。取一段ϕ8 mm 的软管，一头插入校验仪进气口的快速接头内，另一头插入传感器的快速接头内。注意插到底，保证不漏气。

校验仪背部有两个旋钮开关：压力/真空开关（位置在上部）和压力/真空释放开关（位置在下部）。将压力/真空开关向前转（顺时针方向）选择压力模式，压力/真空释放开关向后转到底（逆时针方向）释放全部压力，如果显示的压力不是 0 kPa，则按面板 ZERO 键标零。

将六芯电连接器（绿色航空插头）与传感器尾部六针连接器对接，并右旋拧紧。按 UNITS 键打开的时候同时按下开关键（绿色圆键）约 5 s，显示 LOOP。测试线带上鳄鱼夹，红表笔夹住电缆正线（红线），黑表笔夹住电缆负线（白线）。将压力/真空释放开关向前转到底（顺时针）关闭阀门，然后往复推动内泵打气杆使压力达到 100 kPa。在压力接近 100 kPa 时，使用微调旋钮调节，压力可很准确调到 100 kPa。当压力和电流值稳定后（10 s 左右），记录传感器输出的电流值。其他压力值测试方法以此类推。

压力传感器可选用 FLUKE718/100G 校验仪。

2. 加速度传感器检测

加速度传感器校验台主要用于对客车安全检测系统中使用的 918*–2 型加速度传感器进行校验，其工作原理是：以一定频率、电压的正弦信号激励的振动台同时驱动固定在其上部及底部的被测及标准加速度传感器，二者的输出电压通过 A/D 转换器转换后送入单片机进行计算、比对，从而计算出被测加速度传感器的灵敏度，同时将该数值及其相关信息进行存储并送入液晶显示器进行显示。这些数据亦可通过 USB 接口导入 PC 机，以便进一步的统计和分析。

8.2.3 其他检测

1. 安装连接质量的检查

车下转向架、车体传感器与用于制动系统监测的气路盒安装必须牢固，并留有足够的检修空间。传感器与接线盒、接线盒与分线盒之间的电缆护管连接处，安装连接必须可靠无开裂，护管要有防水功能，避免传感器盒内积水。护管弯曲半径要符合规定。所有电缆屏蔽线必须连续无断点，保证连接可靠牢固。接入接线盒、分线盒以及端子排的屏蔽线必须做绝缘处理，不得裸露。车厢之间列车网络连接电缆的屏蔽线不接入连接器。保证车厢与车厢之间列车通信网络连接电缆的屏蔽线不与车厢内列车网络线的屏蔽线连通。连接电缆的屏蔽线如有裸露，也要做绝缘处理。列车通信网络电缆和组网电缆布线完成之后，必须按照接线图和线号约定进行通断检查、线号确认，并按有关规定做绝缘测试。

安装列车级主机的车厢（工程师车），车厢级主机端子排与列车级主机端子排之间的过渡线要与列车网络线型号相同。车厢级主机、列车级主机、列车级显示屏安装位置必须方便观察，便于板卡拔插操作和数据下载操作。对每车厢两端的通信连接器，从一角到三角、从二角到四角的通信网络电缆线、组网电缆线进行通断检查、安装正确性检查、线号正确性检查。保证通信网络、自动组网通道连接正确。

2. 车厢级主机试验

（1）用万用表测量车厢级端子排+DC 110 V 和–DC 110 V 之间直流电压值，应在规定的范围之内，电源电压的瞬时波动必须符合规定范围。此时 PIC1 板卡上带来电显示开关“ON–OFF”上的指示灯点亮。

（2）将“ON–OFF”开关拨到“ON”位，此时 PIC1 板卡上“PD”灯点亮，表示 PIC1 板卡已经正常输出 24 V（主机各板卡供电电压）。

（3）车厢级主机电源一旦接通，各板卡将进行初始化操作和自诊断，并进入监测诊断工作状态。此时各板卡状态指示灯应显示正常工作状态。

3. 列车级主机试验

（1）列车级主机组网与通信功能试验应在车厢级检验和编组工作完成后进行。

（2）确认列车级主机与显示器通信电缆连接正确。

（3）接通列车级主机电源。

（4）用万用表测量端子排+DC 110 V/－DC 110 V 之间的直流电压值，应在规定的范围之内，电源电压的瞬间波动必须符合规定范围。

（5）将 PIC1 板卡上“ON－OFF”开关置于“ON”位，接通电源，PIC1 与 PIC2 板卡上“PD”灯点亮，表示主机电源正常。

4. 列车编组与列车网络电缆组网连接试验

关断所有车厢级主机、列车级主机电源，进行列车编组。参加编组的车辆必须先通过车厢级各项出厂检验。编组的车辆数在 2～20 辆，而且其中必须有一辆是装有列车级主机的车厢（工程师车），车厢之间两条列车网络连接电缆必须连挂好，接通所有车厢级主机电源和列车级主机电源。在列车头、尾部，用万用表分别对一/三角和二/四角两条列车网做连通检查与线号确认。接通所有车厢级主机电源。根据编组表，在 XS 板卡上利用便携式显示器对全列车从头部到尾部顺序输入车厢顺位号。车厢顺位号在 XS 板卡的 LED 显示器上显示。此项工作为列车级主机组网功能试验提供依据。

任务 8.3　客列尾装置认知

任务概述

通过对客列尾装置的认知学习，解决以下问题：

（1）客列尾装置的作用是什么；

（2）客列尾装置由哪几部分组成。

学习资料

为避免列车二次事故的发生和保障旅客列车运输安全，铁路部门在全路范围内推广列车防护报警和客列尾系统。

旅客列车尾部安全防护装置，简称客列尾（KLW）装置，是保证旅客列车行车安全的重要设备。

8.3.1　客列尾装置的作用

客列尾装置具有列车尾部风压检测和数据传输功能；辅助排风制动功能；风压自动提示和供电电压欠压自动提示功能；状态信息和风压数据存储功能。

当列车发生事故，可能影响后续列车或邻线列车安全时，列车司机可通过本系统向其他列车发送列车防护报警信息，提示其他列车采取相应措施，避免二次事故的发生。列车防护报警信息在不同列车的机车电台之间传送。

紧急情况下，旅客列车司机可通过本系统启动尾部装置排风，从而触发列车紧急制动，保障行车安全。列尾信息在同一列车的机车电台和尾部装置之间传送。

列车在运行过程中自动发送接近预警信息，提示周围巡道工、线路施工人员和道口看护人员采取避让措施，保障铁路沿线人员人身安全。列车接近预警信息由机车电台发送至铁路沿线人员配备的预警器和报警设备。

8.3.2 客列尾装置的组成

如图 8.10 所示，客列尾装置主要由位于机车上的设备和尾部车辆上的设备两大部分组成。

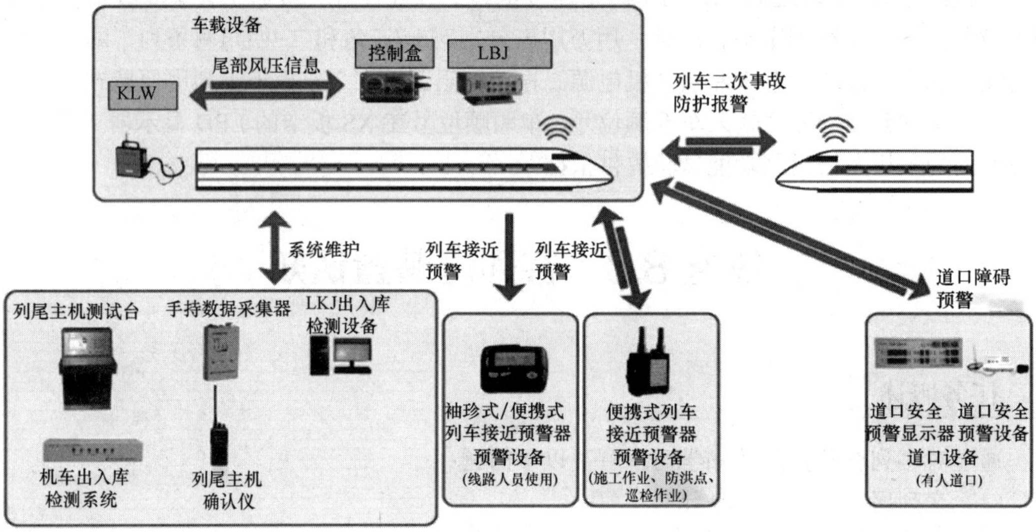

图 8.10　客列尾装置的组成

1. 客列尾（机车设备）

主要包括机车综合无线通信设备(CIR)、列车防护报警设备(LBJ)、操作显示终端(MMI)和其他辅助设备（CIR 出入库检测设备、便携测试台、LBJ 数据管理器等），如图 8.11 所示。

图 8.11　客列尾机车设备

2. 客列尾（尾部车辆设备）

客列尾尾部车辆上的设备主要由旅客列车尾部安全防护装置（客列尾主机）、检修点辅助设备、维修组辅助设备等组成，这些设备由车辆部门负责维护管理

（1）旅客列车尾部安全防护装置（客列尾主机）有过渡式客列尾主机和固定式客列尾主机，如图 8.12、图 8.13 所示。

图 8.12　过渡式客列尾主机

图 8.13　固定式客列尾主机

（2）检修点辅助设备包括客列尾主机检测台、客列尾主机数据分析系统。

维修组辅助设备包括屏蔽室、客列尾主机检测台、机车号确认仪、客列尾主机数据分析系统、客列尾主机专用编程器、无线电综合测试仪、800 MHz 信号源、通过式功率计、示波器、数字万用表、48 V 稳压电源。

3. 机车电台

其主要功能为列尾风压查询、辅助排风制动、列车二次事故防护报警、接收道口障碍预警、施工防护预警、发送列车接近预警信息、数据记录及下载分析功能。可实现以下功能：

（1）采用人工方式进行风压查询和辅助排风制动。

（2）风压数值显示和语音提示。

（3）尾部风压和供电电源异常、通信连接失效（5 min）自动报警提示。

（4）与列尾装置建立一对一关系，确保通信工作可靠。

（5）二次报警功能。

（6）采用人工方式启动和解除报警。

（7）二次报警距离：5 000 m（平原地区）。

（8）发送报警信息时间间隔：5～10 s（随机方式）。

（9）报警采用语音提示方式。

（10）报警信息：报警列车的车次号和公里标。

（11）道口障碍预警和施工防护预警。

（12）具有接收道口障碍预警和施工防护预警信息的功能（预留）。

（13）预警信息：道口或施工作业地点的公里标。

（14）列车接近预警。

（15）机车电台具有发送列车接近预警信息的功能（预留）。

（16）预警信息：车次号、列车速度、公里标。

4. 客列尾主机

客列尾主机主要功能有风压查询、辅助排风制动、异常警告（自动）、尾部标志、数据记录和下载。

8.3.3 客列尾装置的功能

1. 风压查询功能

客列尾装置可以实现风压查询功能，主要包括：

（1）人工查询。

（2）列尾装置自动上报风压信息：120～130 s 自动上报一次（随机）。

（3）告警（通信失效）。

持续 5 min LBJ 未收到风压信息，LBJ 自动查询，10 s 内无返回信息时通信连接失效，LBJ 告警提示。

2. 辅助排风制动

客列尾装置可以实现辅助排风制动，可以通过以下方式实现：

（1）司机手动操控。

（2）模拟车长阀制动模式，触发尾部车辆实施紧急制动（有效通径ϕ9 mm）。

（3）异常告警（自动）。

（4）风压欠压：设定值（560±10）kPa。

（5）供电电源欠压：DC（38±1）V（额定电压 DC 48 V）。

（6）LBJ 语音提示。

3. 作为尾部标志

客列尾装置可以作为尾部标志，替代列车尾部边灯功能（前：白色；后：红色）。

4. 数据记录和下载

客列尾装置可以实现数据记录和下载。

（1）列尾装置对各项操控进行记录。

（2）动态记录风压检测数值（风压变化超过 10 kPa）。

（3）存储器容量：持续记录时间不低于 120 h（循环记录）。

（4）数据记录可下载分析。

项目检验与评价

可参考以下内容进行实训考核。

实训 KAX－1 客车行车安全监测诊断系统检修与试验

<table>
<tr><td>实训内容</td><td>KAX－1 客车行车安全监测诊断系统检修与试验</td></tr>
<tr><td>实训目标</td><td>了解 KAX－1 客车行车安全监测诊断系统检修与试验流程</td></tr>
<tr><td>实训要求</td><td>注意遵章守纪，不得触碰安全红线</td></tr>
<tr><td rowspan="4">实训项目</td><td>1. KAX－1 客车行车安全监测诊断系统准备工作（10%）</td></tr>
<tr><td>2. KAX－1 客车行车安全监测诊断系统主机巡检（30%）</td></tr>
<tr><td>3. KAX－1 客车行车安全监测诊断系统传感器巡检（30%）</td></tr>
<tr><td>4. KAX－1 客车行车安全监测诊断系统网络试验（30%）</td></tr>
<tr><td rowspan="2">实训评价</td><td>自我评价：</td></tr>
<tr><td>教师与企业导师评价：</td></tr>
</table>